食と農の教室 2

食・農・環境の新時代

龍谷大学農学部食料農業システム学科 編

課題解決の鍵を学ぶ

昭和堂

「食と農の教室」刊行の言葉

末原達郎

　21世紀は、ふたたび食と農の時代に戻るだろうと考えられる。食を巡る問題は、世界中の至る所で噴出し、大きな問題として現れてきているからである。今の時代ほど、食やそれを支える農業に関心が向けられたことは、この30年間なかったといえるだろう。

　それほど、食料問題と農業問題は、現代の日本にとって、危機的で、基本的な課題に直面している。

　ところが、第二次世界大戦後は、戦争直後の一時期を除いて、われわれの関心はあまり農業に向くことはなかった。特に1960年代以降になると、日本の食料不足が解消してしまい、それ以降この傾向は強くなる。しかし、最近は再び、安全な食料が十分にあるとは限らない時代に入ってきたのである。

　確かに、21世紀になっても、世界の食料は増産を続けている。一方で、世界の人口もまた増え続けている。それぞれの国で海外から輸入される食料は、はたして持続的でかつ安全なものか、十分に保障されたものではない。このことは、われわれの食生活が、このままずっと豊かであり続けるのか、はっきりとはわかっていないことを示している。

　大きく見れば、これまで人類は、自分たちの食料を確保する

ために、大地を削り、水路を開き、耕作地を作り上げ、種子を植え、除草をし、作物を育て、家畜を育ててきた。人類の生きる道は、確かに食料を確保するための苦闘の歴史だったのである。

それが、20世紀に入ると、人類の食料生産量は、人類の全体を養ってもまだ、あまりあるところまで、たどり着いた。それにもかかわらず、地球上で、食料が不足している人々は少なからず、存在する。国際連合食糧農業機関（FAO）の発表では、2014年の栄養不良人口は8億5000万人に及び、実に地球人口の9人に1人であった。いったいこのアンバランスは、どこから来るものなのだろうか。食と農について考える課題は世界的規模で解決されていないのである。こういう大きな問題を、「食と農の教室」では取り上げて、本格的に学ぶ入口としたい。

もう少し、身近な問題も考えてみよう。日本は、アメリカやチリ、メキシコ、オーストラリア等が加盟するTPP（環太平洋経済連携協定）に加盟すると言われている。この結果、日本の農業はどうなるだろうか、あるいは日本の食料はどうなるのだろうか。国内問題についても、食と農について考える課題は数多く残されている。それを、どのように解きほぐしていけばいいのだろうか。本シリーズでは、これら、それぞれの問題を解きほぐす方法を示す予定である。

食と農をめぐる諸問題について、いよいよ本格的に研究が必要な時が来た。同時に、一般の市民がこの問題について勉強し、自分たちの意見を発言しなければならない時に来ている。今や、

農業問題は農業生産者だけの問題ではない。農業には従事していない一般の都市市民が、農業問題を学ばなければならない時代に入ってきているのである。なぜなら、農業問題は食料問題そのものと言っていいほど、密接にかかわっている問題だからである。

　実は、食料問題そのものは、複雑かつ多岐にわたる問題である。現実の多くの問題と同じく、一つの方法で解決できる単純な問題ではない。自然科学的な農学の知識のほかに、人文科学・社会科学の知識を総動員しなければならない。経済学も必要だが、経営学や社会学も必要となる。そのような複雑な問題を、学問の世界とどう結びつけるか、私たちの新たな試みを、一般市民の人々にも届けようと思う。

　本シリーズは、実は、2015年に開設された龍谷大学農学部の教員メンバーが中心となって執筆している。龍谷大学農学部は、私立大学として35年ぶりに創られた農学部である。この農学部は、食と農を連続して捉えるという視点に基づいて創られている。また、食と農の問題は、自然科学だけでは解決できず、社会科学・人文科学との深い結びつきの下で、ようやく解決できると考えている。また、農学という学問を、市民と結びついた学問にしたいと考えている。そうした新しい学部の教育と考え方の一端を、本シリーズで発表していきたいと考えている。

本書のねらいと構成

淡路和則

　『食と農の教室』の第2巻は、食と農と環境に関する重要課題をとりあげ、その解決策を探るという位置づけで刊行された。入門書を手にする学生を想定して、この巻に込められた著者共通の思いを述べたい。

　同時刊行の第1巻が知っておきたい事柄をまとめた巻であるのに対して、第2巻はテーマごとに深く掘り下げることを意図している。本書の厚みから想像できるが、重要課題をすべて網羅しているわけではない。事典的な書を目指したのではなく、現実の課題に対する学問の取り組み方を知ってもらうことを目標としたのである。経済学、経営学、社会学の観点から現実の食と農と環境についてどんな課題がみえてくるのか、それはなぜ問題となり、どのように発生したのか、そしてそれを解くためにはどのようなアプローチがあるのか、現実の問題と向かい合う学問の姿を少しでもわかってもらえたら、そしてそこに魅力を感じてもらえたらなら幸甚である。

　本書は次のような内容で構成されている。まず農と食に関する個別の経済主体とその協同組合、そしてそれらを農から食までの流れに沿ってつながりとしてみたフードシステムの動向と今日的課題を紹介している。次に、個別主体に導入された技術

とフードシステムの広がりがもたらした環境の問題を指摘したうえで、環境を保全する方法、政策について、それぞれ地域レベル、国レベルで紹介している。巻末には全体の道案内役となる「わたしの読み方」が加えられているので、読書の参考、指針としていただきたい。

以下に各章の要点を述べておきたい。

第1章「農業および食品産業の担い手像」では、農業と食品産業の担い手について議論がされている。ある産業の現状や動向を把握しようとした際、頼りになるのは統計である。従って、統計で掴みうる担い手とは何であるのかを正確に知る必要がある。たとえば農業の構造変化を捉えようとするとき、農業生産に携わる「個」そして農地を所有する「個」の動きを知らなければいけないが、それらは「農家」でひとくくりにできる簡単なものではない。「農家」という言葉が日常的に多様な意味で用いられるがゆえに、分析にあたっては実態に即した捉え方と統計上の定義を厳密に吟味しなければならない。本章ではその吟味を踏まえて、統計を使った近年の動向解析を行い、今後の担い手像を提示している。そこでは、統計の数値を理解するうえで、経済学、経営学などの理論とともに実際の現場を知る重要性を教えてくれている。

第2章「協同組合としての日本の農協」では、農協とは何かという本質を、歴史を振り返ることによって浮かび上がらせている。日本の農協は世界から注目を集める一方で国内では批判の対象とされてきた。日本の農協は、「大手商社＋大手銀行＋大手保険会社」といえるほど強大な事業グループであるがゆえに、

弱体化・解体させようとする逆風を受けてきた。ここでは、日本の農協がたどった歴史から協同組合の本質に迫り、農協の改革の議論は、今日的な政治状況・経済状況だけをみて近視眼的な判断が通用するような表層的問題ではないことを述べている。筆者は農協を経済合理性に支配される表層と地縁・血縁等による人間関係によって支配される深層からなる大海にたとえている。母なる海としてさらなる恵みをもたらすか、大津波によって壊滅的ダメージを受けるか、分岐点に立っているときこそ原点をみつめて冷静に考えることの大切さを問いかけている。

　第3章「食料消費の変化とフードシステム」は、食料の生産から消費に至るまでの一連の過程をひとつのシステムとして捉える必要性を説いている。全体を俯瞰することで、生産、市場、小売、消費といった個々の経済主体や生産者と市場、小売と消費者といった部分的な関係をみるだけではわからない連関や問題がみえてくる。まず川下の食料消費の変化について、世帯員数の減少、女性の社会進出に関わらせて説明している。調理や食の風景がいかに変わったかを知ることができ、それに対する経済学的な見方を学ぶことができる。さらに、食料の購入行動の変化に関わって流通革命といえるスーパーの急成長をとりあげ、その功罪について言及している。スーパーの存在が当たり前となった現在においては、その当たり前の意味を考える必要がある。食品の売り方が変わり、食品の企画化・標準化が進み、チェーン展開で巨大化したスーパーは流通過程で主導権を握り、さらにはプライベートブランドなど川上の生産段階にまで影響を及ぼすようになった現実が描かれている。そして、食に対し

て求められる安全・安心をフードシステムの課題として位置づける重要性を説いている。

第4章「農業の展開と環境・資源問題」は、日本における第二次大戦後の農業生産力の飛躍的な伸びをもたらした技術について、BC技術、M技術に分けてその顕著な効果を経営学の観点から説明している。このような技術進歩、具体的には機械化や化学肥料、化学農薬の利用、は歴史上かつてないほど生産力を向上させた一方で環境汚染と資源消費の問題を発生させた。さらには、フードチェーンが長くなり複雑化したことが資源循環を困難にしていることを述べている。こうした問題を踏まえて、環境負荷を低減させ、限りある資源の消費を抑えて農業を持続可能なものとするには何が必要かを説いている。そこでは技術を社会科学の観点から分析する意義や重要性を読み取ることができる。

第5章「身近な環境を守るくふう」では、地球温暖化や森林資源といった大きく一般的化されたな環境問題ではなく、里山や田園風景など地域の住民にとって日常のあるべき環境をいかに保全するかについて考察している。こうしたテーマは、具体的に事例を通して学ぶことが重要であり、それが理解への近道となる。ここでは、三重県の熊野市と宮崎県の綾町の事例をとりあげている。どちらも現時点の成功像だけを切り取るのではなく、地域住民にとっての環境問題の顕在化から、保全に対する取り組みの紆余曲折を描いている。そこには、うまく行かなかった部分や成功の陰の部分もあるが、それらも含めて実践の足どりを忠実にみることによって何が重要なのかを示している。人びとの生活に根差した環境を守るには、その地の固有性を理

vii

解することが必要であり、現場のなかに答えを見つけ出すことの重要性を示している。そこにフィールドワークの意義があることを教えてくれる。

第6章「環境を守るための制度や政策」は、国家というマクロレベルでの環境保全のための仕組みをとりあげている。環境負荷を低減させるためには、経済主体の活動をその方向に向けることが必要となる。本章ではそのための政策手段を整理し、バックにある経済原理を解説している。ここでは環境汚染者としての農業が問題となることから、農業分野での環境問題の特徴を踏まえながら政策対応、制度設計の在り方を述べている。そのなかで、新大陸のアメリカと農耕の歴史が長いEUをとりあげ、両者の違いを明らかにしているが、最近はアメリカの政策のなかでもEUのクロス・コンプライアンス手法が浸透しつつあることを指摘している。また、日本における近年の政策対応についてもクロス・コンプライアンス手法が取り入れられていることを紹介し、そこで考えなければならない問題について言及している。地球上で増大する人口を養うためには相応する食料生産の増大が必要であるが、農業生産によって環境汚染を深刻化させることは許されない。食料の安定確保と環境保全という異なる目標に対してバランスをとりながら効率的な政策を設計していく重要性が示されている。

以上、入門者の学びを念頭に各章のポイントを述べた。農と食と環境という人類の存続に係わる重要課題に対して社会科学からアプローチする意義を理解し、その魅力を知ってもらえたら幸いである。

目　次

「食と農の教室」刊行の言葉　i

本書のねらいと構成　iv

キーワードと用語解説　xii

第1章

農業および食品産業の担い手像

| 1 |　はじめに …………………………………………… 2

| 2 |　農業の担い手の現状 ………………………………… 3

| 3 |　食品産業の担い手の現状 ………………………… 14

| 4 |　農業および食品産業を取り巻く情勢変化 ………… 20

| 5 |　農業および食品産業における今後の担い手 ……… 25

| 6 |　農業および食品産業の担い手と消費者に求められる
　　意識改革　31

| 7 |　むすび ……………………………………………… 35

第2章

協同組合としての日本の農協

| 1 |　はじめに …………………………………………… 40

| 2 |　協同組合原則とはどのようなものか ……………… 41

| 3 |　戦前の農協（産業組合）の歴史とは
　　どのようなものか ………………………………… 46

| 4 |　戦後の農協法制定の経緯とは
　　どのようなものか ………………………………… 52

| 5 |　戦後農協の特徴とはどのようなものか …………… 55

| 6 |　むすび ……………………………………………… 59

ix

● 目 次

第3章

食料消費の変化とフードシステム

| 1 | はじめに ……………………………………… 64
| 2 | フードシステムとは何か ………………… 65
| 3 | 家族の変化と食料消費の変化 ………………… 68
| 4 | フードシステムの変化と流通革命 ………… 72
| 5 | 食品スキャンダルとフードシステム ……… 77
| 6 | むすび ………………………………………… 81

第4章

農業の展開と環境・資源問題

| 1 | はじめに ……………………………………… 84
| 2 | 農業生産力の高まりと技術の進歩 ………… 85
| 3 | 農業生産の性格変化 ………………………… 93
| 4 | 環境・資源問題の発現 ……………………… 99
| 5 | 新たな資源循環の構築へ ………………… 104

第5章

身近な環境を守るくふう

| 1 | はじめに ……………………………………… 110
| 2 | 自前の工夫で環境と暮らしを守る人びと ……… 114
| 3 | 「成功」の裏側と人びとの思い ………… 119
| 4 | むすび ……………………………………… 126

第6章

環境を守るための制度や政策

| 1 | はじめに ……………………………………… 132

| 2 | 外部性とその内部化 ……………………………… 134

| 3 | わが国における取り組みの特徴と課題 ………… 139

| 4 | アメリカや EU での取り組みの特徴と課題 ……… 142

| 5 | クロス・コンプライアンスという手法を考える ……… 147

| 6 | なぜ、農業分野では PPP 原則が
適用されにくいのか ……………………………… 151

| 7 | 認証制度とラベリング ………………………… 155

| 8 | むすび …………………………………………… 157

❧わたしの読み方❧　160

■ギモンをガクモンに■

No1　農業をしているのは誰？　農家？
　　　加工食品を作っているのは？　大企業？　　　　　　　1

No2　どうして農協がマスコミで話題となるのだろうか？
　　　そもそも農協ってナニ？　　　　　　　　　　　　　39

No3　食べ物はどうやって食卓に運ばれてくるの？
　　　どうして今の仕組みになったの？　　　　　　　　　63

No4　技術進歩って、いいことづくしなのだろうか？　　　83

No5　「環境を守る」とはどういうこと？
　　　私たちのくらしは環境とどのようにかかわっているの？　109

No6　環境を守るための政策と農業の関係は？　　　　　131

xi

● キーワードと用語解説

キーワードと用語解説

◎学びの手がかりとなる言葉をあげてみました。
◎知りたい言葉をみつけて、太字の番号で示された章の本文を読んでみましょう。
◎なお、太字のあとに細字の番号が付された用語については、そのページで簡単
　な解説をしています。

■A-Z■

GDP　1-36
CSR　1-37
M技術　4
BC技術　4
PPP（汚染者負担の原則）　6
OECD　6-158
JAS　6-159

■ア行、カ行■

アイデンティティ（identity）　2-61
怒りの葡萄　6-159
インセンティブ　6-158
内食・中食・外食　3-81
エコツーリズム　5-128
外部性の内部化　6
環境保全型農業　4-107
機械化一貫体系　4-107
規制的手段　6
協同（co-operation）　2-61
協同組合原則　2
経済性の追求　1
経済的手段　6
高齢化率　5-128
国際協同組合同盟（ICA）　2-60

■サ　行■

産業組合　2
三ちゃん農業　4-107
資源循環　4
持続可能社会　1

自前の工夫　5
社会のしくみ　5
集約的農業　4
准組合員制度　2
照葉樹林　5-128
食と農の安全・安心　3
食の外部化　3
食品産業の構造　1
食品の安全性：　3-82
女性の社会進出　3
生態系　5-128
制度の使いこなし　5
戦後農協のアイデンティティ　2
総合農協　2

■ナ　行■

担い手　1
農業構造　1
農業生産組織　1-36
農業生産力　4
農業白書　6-159
農事組合法人　1-36

■ハ行、ヤ行、ラ行■

フードシステム　3
プライベート・ブランド（PB）　3-82
役畜と用畜　4-107
有機農法（農業）　5-128
流通革命　3
6次産業化　1-37
ロス・コンプライアンス　6
ワンマンファーム　4-107

xii

ギモンをガクモンに

No.1

> 農業をしているのは誰？　農家？
> 加工食品を作っているのは？　大企業？

　「農産物を作っているのは誰ですか？」という質問をすると、ほとんどすべての方々が「農家」と答えます。そして、それは間違いではありません。昔から農産物を作っているのは世帯・家族を土台とした農家が中心でした。そして、大多数の農家は少量しか農産物を生産していません。しかし、最近では、農業を営む会社や組織が増えており、これまで農業にまったく関わりのなかった企業の中にも農業をはじめるものが出てきています。

　一方、「農産物を加工した食品（加工食品）を作っているのは誰ですか？」と尋ねると、多くの人々は、テレビCMなどで有名な大企業の名前を口にします。残念ながら、これは正しくありません。加工食品の圧倒的大部分は皆さんが名前も知らないような中小企業によって生産されています。

　それでは、今後の農産物の生産、加工食品の生産は誰が中心となっておこなうべきなのでしょうか？多数の経済主体が少量ずつ生産するよりも、少数の経済主体が各々多量に生産したほうが効率的なようにも思われます。国が目指しているのもその方向のようです。農業、食品加工業を含む食品関連産業の今後の望ましい「担い手」の姿について考えてみましょう。

第1章

農業および食品産業の担い手像

キーワード

担い手／農業構造／食品産業の構造／経済性の追求／
持続可能社会

1　はじめに

　食料は人々の「いのち」を支える特殊な財である。そして、その食料を供給しているのは農業、林業（キノコ類や山菜、クリ等の特用林産物）、水産業と農林水産物を活用して調理済みの食料を産み出す食品産業（食品製造業、飲食店等）である。また、農林水産業は食料を供給するために自然環境の循環システムを活用しており、そのあり様は環境問題とも密接に関連している。このような意味で、農林水産業、食品産業はわれわれにとって非常

に重要な産業だということができる。

　本章の目的は、そうした重要な産業の今後の担い手について考えることである。ただし、紙幅を考慮して分析対象は次のように限定する。①農業と食品産業の一部のみを扱い、その他の産業については別の機会に論じることとする。②「担い手」という用語は「ある産業における中心的な経済主体」と「その経済主体で働く経営者・労働者」という二つの意味を有しているが、本章では主に前者について論じる。③北海道の農業はヨーロッパと同等以上とも評されており、担い手問題は都府県ほど深刻ではない。そこで、農業の担い手問題に関しては都府県に焦点を絞る。

　なお、農業および食品産業の担い手に関わる最近の様々な変化については、東日本大震災と福島第一原発事故の影響も無視できないが、基本的な動向は本章が提示するトレンドに沿っていると判断してよい。

2 農業の担い手の現状

◆ 農業構造と農業統計

　わが国の農業が単一の経済主体によって担われているのならば、「担い手問題」はおそらく議論の対象にはならない。農業を営む経済主体が多数存在し、それらが均質でないからこそ「現在、農業を主に担っている経済主体は何なのか、今後はどのような経済主体に担ってもらうべきなのか」という問題が生じる

3

●　第 1 章　農業および食品産業の担い手像

のである。通常、「農業を営む経済主体の種類別構成」のことを「農業構造」と呼ぶ。そして、農業構造は計数的には農業統計を活用することによって把握できる。

　農業に関する最重要統計である農林水産省『農林業センサス』によれば、農業に関わりを持つ経済主体は「家族農業経営体」と「組織農業経営体」から構成される「農業経営体」、「自給的農家」、「土地持ち非農家」の組み合わせとして概ね捉えることができる（各々の定義は表 1 を参照）。

　ここで、家族農業経営体は旧来の「販売農家」とほぼ重なる概念であり、家族農業経営体と自給的農家を合せたもの、場合によっては土地持ち非農家をさらに含めたものが一般的にイメージされる農家に相当するといってよい。このうち、家族農業経営体は一定程度の事業（ビジネス）として農業を営んでいるが、自給的農家の主な目的は――一部は販売しているものの――農産物の自家消費だということができる。

　また、土地持ち非農家の多くは、かつては家族農業経営体ないしは自給的農家であったが、様々な理由から離農または営農規模を極端に小さくし、所有農地の大部分を他者に貸し付けているか荒地として放置している世帯である。土地持ち非農家の中にも農作物の栽培をおこなっているものは存在するがその規模は非常に小さく、販売はほぼないとみなしてよい。その意味では確かに「非農家」といえるのかもしれないが、そうした経済主体もムラ全体の水管理作業や草刈り等には基本的に参加している。また、ムラが共同で機械作業をおこなっている場合にはオペレータ（農機具の操作者）として出役していることも多く、土地持ち非農家も

4

表1 農業に関わりのある経済主体の統計的定義

類　型		定　義
土地持ち非農家		農地及び耕作放棄地を5㌃以上所有している世帯（ただし、経営耕地面積は10㌃未満かつ1年間の農産物販売金額15万円未満の世帯）。
自給的農家		経営耕地面積が10㌃以上30㌃未満かつ1年間の農産物販売金額が15万円以上50万円未満の世帯。
農業経営体	家族農業経営体	次の規定のいずれかに該当する経済主体のうち、世帯を単位とするもの。①経営耕地面積30㌃以上　②露地野菜作付面積15㌃以上　③施設野菜栽培面積350㎡以上　④果樹栽培面積10㌃以上　⑤露地花き栽培面積10㌃以上　⑥施設花き栽培面積250㎡以上　⑦搾乳牛飼養頭数1頭以上　⑧肥育牛飼養頭数1頭以上　⑨豚飼養頭数15頭以上　⑩採卵鶏飼養羽数150羽以上　⑪ブロイラー年間出荷羽数1000羽以上　⑫1年間の農産物販売金額50万円以上　⑬農作業の受託をおこなっている
	組織農業経営体	家族農業経営体と同じ規模の事業を営む経済主体のうち、世帯を単位としないもの。

資料）農林水産省『農林業センサス』各年版。
注1）『農林業センサス』に記載されている定義に加筆・修正を施したが、意味する内容は同じである。
　2）ちなみに販売農家の定義は、経営耕地面積30㌃以上または1年間の農産物販売金額50万円以上であり、家族農業経営体のほうがより網羅的だといえる。

農業に一定の関わりを持っていることは事実である。

　ある家族農業経営体が営農規模を縮小し、表1が示す基準を満たさなくなると、統計上の取り扱いは——厳密にいえば、そうでない場合もわずかながら存在するが——自給的農家となり、さらにそうした動きが進めば土地持ち非農家として把握されることになる。また、「土地持ち非農家よりもさらに狭い面積（5㌃未満）の農地を所有し、その大半を他者に貸し付けるか荒地にしている世帯」や「かつては農業を営んでいたが、現在ではすべての農地を完全に手放してしまった世帯」も実際には多数存在するが、そうした世帯は統計の調査対象とはされていない（以

下、こうした世帯を「調査対象外世帯」と称する）。

　一方、組織農業経営体とは複数の個人または世帯の共同経営のことであり、当然、事業として農業を営んでいる。そして、このカテゴリーには農業生産組織や農業法人（農家が単独で法人化した一戸一法人は家族農業経営体扱いのため除く）、食品製造業や量販店、建設業などの農業外企業から新規に農業に参入してきた法人（以下、農外参入企業）などが含まれる。

◆ 農業に関わりを持つ経済主体の基本構造

　表2は統計の連続性がある程度確保できている2005年と2010年、2015年に関し、土地持ち非農家、自給的農家、家族農業経営体、組織農業経営体の数を示したものである（ただし2015年については確定値ではない）。同表より、農業に関わりを持つ経済主体の圧倒的大多数は家族農業経営体と自給的農家、土地持ち非農家だということがわかる。わが国の農業はいわゆる農家に相当する経済主体が大部分を担っているのである。

　次に、各数値の変動をみてみよう。まず、農家に相当する経済主体の動きだが、2005年から2010年の期間においては、家族農業経営体が急減している一方で自給的農家が増え、土地持ち非農家は急増している。しかし、2010年から2015年の期間については、家族農業経営体の急減傾向は継続しているが、自給的農家は減り、土地持ち非農家の増加傾向もテンポが落ちている。このことから次のような動きが活発化していると推察できる。

　第一は、家族農業経営体から土地持ち非農家および調査対象外世帯への直接的な転化が増えているということである。これ

表2　農業に携わる経済主体の数

	都府県			（参考）北海道		
	2005年	2010年	2015年	2005年	2010年	2015年
土地持ち非農家 （戸）	1,184,052	1,353,858	1,394,473	17,436	20,302	18,851
自給的農家 （戸）	877,624	889,589	819,948	7,118	7,153	6,342
家族農業経営体 （経営体）	1,928,848	1,603,778	1,303,779	52,435	44,298	37,841
組織農業経営体 （経営体）	25,916	28,757	30,514	2,181	2,251	2,442
うち法人経営体 （経営体）	12,472	15,343	20,756	1,397	1,726	2,050

資料）農林水産省『農林業センサス』各年版。ただし、2015年の数字は2015年11月
　　27日公表の速報値。

までは、家族農業経営体が営農規模を縮小する場合でも自家消費用の飯米や近親者向けの縁故米の生産は続ける——そのための営農規模は残す——ことが多かった。つまり、完全に離農したり、極端に営農規模を縮小したりするのではなく、自給的農家にいったん転化することが主なパターンの一つであったが、そうした傾向が崩れてきているものと思われる。

　第二は、自給的農家の離農ないしはさらなる規模縮小が急速に進んでいることである。自給的農家は経営耕地面積が狭いこと、特に稲作の場合は勤めの傍ら土日農業だけで営農の継続ができること、などから比較的長期にわたって自給的農家であり続けることが可能であった。しかし、最近では、自給的農家の要件である営農規模を維持することすら難しくなってきており、離農やさらに規模を縮小するケースが増えているようである。

● 第1章　農業および食品産業の担い手像

　第三は、家族農業経営体や自給的農家が離農や規模縮小を選択する際に、農地を極力売却処分し、手元に残す所有地の面積をより狭くしていることである。つまり、土地持ち非農家ではなく、調査対象外世帯に転化するパターンが増えていると考えられる。

　第四は、土地持ち非農家が所有農地をさらに減少させており、調査対象外世帯への転化がすすんでいることである。

　このように、農家およびこれに類する経済主体は全体として減少傾向にある。そして、その要因としては、高齢化や後継者不足、労働力不足、農産物価格の低迷による収益性の低下、後述するような農地の転用などが考えられる。

　さて、農業の担い手は伝統的には農家として捉えられてきたし、現時点においてもその状況は変わっていない。しかし、昨今、それ以外の担い手として組織農業経営体（その多くは農事組合法人や株式会社に代表されるような法人企業）が注目されている。家族経営・世帯としての農家だけでなく農業の担い手にはいわゆる会社組織も含まれていることは認識しておくべきだが、表2が示すように、その絶対数は現時点では少ないし、増加テンポも緩やかだといわざるを得ない。

◆ 営農規模別に見た農業構造の変動

　ここで、一定の事業として農業を営んでいるとみなされる家族農業経営体と組織農業経営体に関し、その変化の詳細をみておこう。表3は、家族農業経営体および組織農業経営体を経営耕地面積で階級分けした上で、階級ごとの推移をみたものであ

表3 経営耕地規模別にみた家族農業経営体数と組織農業経営体数

経営耕地面積	都府県					(参考) 北海道				
	家族農業経営体		組織農業経営体		(参考)2015年の農業経営体合計	家族農業経営体		組織農業経営体		(参考)2015年の農業経営体合計
	2005年	2010年	2005年	2010年		2005年	2010年	2005年	2010年	
0.5ha未満	453,666	359,865	16,915	13,248	302,546	2,668	2,070	1,001	812	2,405
0.5～1.0ha	673,159	553,403	1,039	1,435	433,812	2,180	1,815	28	26	1,462
1.0～2.0ha	498,443	412,797	1,264	1,652	350,611	2,810	2,368	54	60	1,921
2.0～3.0ha	159,410	134,315	783	1,002	114,169	2,586	1,962	36	44	1,540
3.0～5.0ha	93,748	85,676	966	1,334	78,670	4,888	3,409	61	61	2,744
5.0～10.0ha	39,579	43,270	1,519	2,273	46,973	9,436	6,526	97	119	5,176
10.0～20.0ha	8,982	11,666	1,554	2,629	17,417	10,885	9,250	135	137	7,899
20.0～30.0ha	1,305	1,919	764	2,012	4,847	6,072	5,744	118	122	5,377
30.0～50.0ha	450	701	600	1,860	3,260	6,286	6,218	132	207	6,060
50.0～100.0ha	95	150	364	1,015	1,551	4,219	4,385	219	307	4,546
100.0ha以上	11	16	148	297	437	405	551	300	356	1,153
合 計	1,928,848	1,603,778	25,916	28,757	1,334,293	52,435	44,298	2,181	2,251	40,283

資料) 農林水産省［農林業センサス］各年版。ただし、2015年の数字に2015年11月27日公表の速報値。
注1) 0.5ha未満層には「経営耕地のないもの」を含む。
  2) 網掛け部分は減少を示す。
  3) 2015年については経営耕地面積規模別のデータは家族農業経営体と組織農業経営体を合せた農業経営体のものしか公表されていない。(本章筆時)。

● 第1章　農業および食品産業の担い手像

る（本章執筆時に入手可能な2015年の速報値では、家族農業経営体および組織農業経営体各々の経営耕地面積規模別データは公表されていない故、ここでの分析は2010年までとせざるを得ないが、2015年に関しても傾向はほぼ同じだといってよい）。

　一般に何らかの経済主体を階級分けする際には、事業規模が基準となることが多い。一般企業の場合は資本金や売上高、従業者数等が事業規模の指標とされるが、農業の場合は事業規模を示す指標として伝統的に経営耕地面積（所有地、借地を問わず、耕作している農地の面積）が採用されてきた。わが国農業においては、コメを中心とした土地利用型作物を生産する経済主体が圧倒的大多数を占めるので、経営耕地面積は事業規模とある程度比例関係にあるとみてよい。もちろん、施設型野菜や畜産（広大な牧草地を利用する草地型酪農以外の畜産）の場合はこの限りではないが、農業を営む経済主体を何か単一の基準で分類しようとする場合、もっとも無難と考えられる代理指標は経営耕地面積である。

　なお、表1の定義から明らかなように、家族農業経営体、組織農業経営体には「自らは農産物の生産は行わず、他の経済主体が農産物を生産するための作業の受託に特化している経済主体」も含まれている。家族農業経営体に関しては、そうした経済主体は稀な存在だが、組織農業経営体に関してはそうした経済主体の数は多く、無視することはできない。実際、農作業の受託のみを専門的におこなう経済主体の数は農業経営体合計で2005年：12,857、2010年：8,498だが、そのほとんどは組織農業経営体である。これらの経済主体は「経営耕地面積＝0」であ

り、表３では0.5ヘクール未満層に組み込まれる。組織農業経営体に関しては、経営耕地面積が非常に狭いものが多いのではなく——もちろん、経営耕地面積が狭い施設野菜や畜産等も存在するが——、そういう特殊なものの数が多い結果、0.5ヘクール未満層の数字が大きくなっていると理解すべきである。

　表３より、家族農業経営体の圧倒的大多数は経営耕地面積が狭い階級に集中していることがわかる。小規模層は確かに減少してはいるが、それでも数が多いことには変わりがない。わが国の農業は小規模層がかなりの部分を担っているのである。

　次に、階級ごとの増減だが、都府県の家族農業経営体は５ヘクール未満層がすべて減少し、それ以上の階級では増えている。また、組織農業経営体に関しては最下層のみが減少しており、その他の階級では増えている。このように大規模家族農業経営体や組織農業経営体は確かに増えつつあるが、その増加テンポは鈍く、絶対数もまだ少ない。

◆ 小規模層の減少理由

　表３における、最も劇的な変化は小規模層の家族農業経営体が各階級とも減少していることだが、その主な理由としては次の五つが考えられる。①既述したように、小規模家族農業経営体が事業規模縮小や離農によって自給的農家や土地持ち非農家、調査対象外世帯に転化した。②自給的農家その他に転化するほどではないが、規模縮小により下位の階級に移動した。③経営耕地面積が狭い階級の経営体が規模拡大し、より上位の階級に移動した。④複数の家族農業経営体が結合し、組織農業経営体

● 第1章　農業および食品産業の担い手像

表4　家族農業経営体に関する構造変化の数値例

	○○年の数値	○○年から△△年における移動・転化の状況							△△年の数値
		1.0ha以上	0.5〜1.0ha	0.5ha未満	自給的農家	土地持ち非農家	調査対象外世帯	新規参入	
1.0ha以上	10	−	1	−	−	−	−	−	11
0.5〜1.0ha	10	− 1	−	− 1	− 1	−	−	−	7
0.5ha未満	10	−	1	−	− 2	− 2	− 1	1	7
自給的農家	10	−	1	2	−	− 3	− 2	−	8
土地持ち非農家	10	−	−	2	3	−	− 2	−	13
調査対象外世帯	10	−	−	1	2	2	−	−	15

資料）筆者作成。
注）正の数字は、表頭の階級から表側の階級への移動・転化を意味する。また、負の数字は表側の階級から表頭の階級への移動・転化を意味している。例えば0.5ha未満層は○○年は10経営体だったが、0.5〜1.0ha層に属していた経営体が規模縮小によって1つ移動してきたことに加えて、新規参入が1つあった一方で、0.5ha未満層に属していた経営体も規模縮小によって自給的農家と土地持ち非農家に2つずつ、調査対象外世帯に1つ転化したため、△△年には7経営体に減少した。

を新たに形成した。⑤小規模の家族農業経営体が既存の組織農業経営体に吸収された。

　こうした階級間の移動や転化は具体的にはイメージしにくい。そこで、以下、若干の補足をしておこう。まず、自給的農家や土地持ち非農家なども含めて、簡単な数値例を用いながら①、②、③の変化を模式的に示したものが表4である（ただし、より実態に近いモデルとするために、ここでは農業外からの個人の新規参入も組み込んでいる）。また、④については、例えば経営耕地面積1.5haと1.7haの家族農業経営体が新たな組織農業経営体を形成すれば、1.0〜2.0ha層の家族農業経営体が二つ減り、3.0〜5.0ha層の組織農業経営体が一つ増えることになる。⑤については、0.8haの家族農業経営体が4.5haの組織農業経営体に吸収されれば、0.5〜1.0ha層の家族農業経営体が一つ減るとともに、3.0〜5.0haの

組織農業経営体が一つ減り、5.0〜10.0ヘクタールの組織農業経営体が一つ増えることになる。

　これら五つの理由のうち、③、④、⑤はポジティブに評価すべき動きだと一般的に考えられているが、家族農業経営体の総数が大きく減っている一方で大規模な家族農業経営体や組織農業経営体の絶対数は非常に少なく、その増加テンポも遅々としたものであることを勘案すると、③、④、⑤の動きも確かに存在するが、①と②、特に①の動きが主流だと見るべきである。また、①と②については、離農や事業規模の縮小によって余剰となった農地が——売買や貸借によって——他の経営体の経営耕地に組み込まれれば、大規模経営体の形成につながるはずだが、そうした動きも順調には進んでいないようである。

　一方、「組織農業経営体における最下層の減少」については、組織の解体や複数組織の合併、規模拡大による上位階級への移動の他に、先に述べた「作業受託を専門的に行う経済主体」の動向が大きな影響を及ぼしている。実態調査の結果も加味して推察すると、それまで作業受託に特化していた経済主体が農産物生産を併せておこなうようになり、一定面積の経営耕地を有するようになった結果、より上位の階級に移動するケースが増えているようである。ただし、それでも今のところ大規模な組織農業経営体は十分には形成されていない。

● 第1章　農業および食品産業の担い手像

3 ｜ 食品産業の担い手の現状

◆ 第1次産業に関連する産業の経済規模

　2015年の10月に大筋合意に至ったTPP（環太平洋パートナーシップ協定）がわが国で最初に話題になったのは2010年である。当時、TPPに参加することの是非に関し、「日本のGDP（国内総生産）に占める第1次産業の比率は1.5％に過ぎない。1.5％の産業を守るためにTPPに参加せず、残りの98.5％を犠牲にしてよいのか」という主張が話題になった。

　確かに、農業を含むわが国の第1次産業の国内総生産額は表5が示すように、最新の推計値（2012年）で約5兆2千億円（農業は約4兆4千億円）であり、GDPに占める比率は1.1％（同0.9％）にすぎない。しかし、第1次産業を取り巻く関連産業も含めた国内総生産額は約43兆円であり、国内総生産全体に占めるシェアは決して無視できるものではない。わが国の第1次産業の趨勢はこれら関連産業にも大きな影響を及ぼすのであり、当該産業の個別の国内総生産のみを判断基準とした先の主張には問題がある。

　以下では、農業との関連がより直接的であり、農業と同様に「人々に食料を供給する」という重要な役割を果たしており、調理・加工というプロセスを実行している食品工業（＝食品製造業）と飲食店、持ち帰り・配達飲食サービス業を取り上げ、その産業構造を確認することとしよう。

14

表5　農業・食品関連産業の国内総生産(全国：2012年)

(単位：10億円)

産業区分		国内総生産
農林漁業		5,169.1
	うち農業	4,357.9
食品工業		11,724.8
資材供給産業		612.2
関連投資		859.6
関連流通業		16,014.5
飲食店		8,391.3
農林漁業・関連産業合計		42,771.5
(参考) 全経済活動		474,474.9

資料) 農林水産省『平成24年度農業・食料関連産業の経済計算』。

◆ 企業概念でみた食品産業の構造

　はじめに、食品産業に属する企業の状況をみてみよう。表6は、総務省『経済センサス』から食品産業における企業の数を抜き出したものである。中小企業基本法によれば、製造業においては「資本金が3億円以下ないしは従業員が300人以下の会社または個人」、サービス業においては「資本金が5千万円以下または従業員が100人以下の会社または個人」がそれぞれ中小企業として位置づけられている。表6は資本金のみを基準とした分類なので厳密ではないが、食品製造業には前者、飲食店と持ち帰り・配達飲食サービス業については後者の規定に当てはめてみると、中小企業の比率は各々、98％、90％、92％となる。

　食品関連企業として一般にイメージされるのは、メディア広告・宣伝等に登場する巨大株式会社なのかもしれないが、実際

● 第 1 章　農業および食品産業の担い手像

表 6　食品産業における企業の数（全国：2014 年）

(単位：社)

資本金	非農林漁業 （公務を除く）	食料品 製造業	飲食店	持ち帰り・ 配達飲食 サービス業
1 千万円未満	903,982	10,717	53,671	3,630
5 千万円未満	640,004	11,659	15,055	1,729
1 億円未満	48,092	1,363	931	114
3 億円未満	16,247	451	273	42
10億円未満	7,986	185	79	7
50億円未満	3,999	118	54	9
50億円以上	2,322	49	26	1
総　　数	1,656,124	24,715	75,962	5,794

資料）総務省『経済センサス』2014 年版。

には、他の産業と同様、食品産業も中小企業が圧倒的大多数を占めており、これら産業は中小企業抜きには成り立たないといってもよい。

　さて、『経済センサス』においては、ある企業の本所が大阪府にあり、支店が京都府、工場が北海道にあるような場合でも企業数はそれらをまとめて一つとカウントされる。ゆえに、企業数は実際に経済活動を営んでいる「場」の数を示すものではない。また、把握対象が「民間企業」に限定されているため、国や地方公共団体が何らかの事業を営んでいる場合でもそれはカウントされない。そこで、次に、支店や営業所、工場、店舗などをそれぞれ独立の単位として捉え、かつ、把握対象の範囲がより広い「事業所」概念を用いて食品産業の構造をみてみよう。

◆ 事業所概念でみた食品産業の構造

　表 7 は、各産業に分類される事業所の数の変化を示したもの

表7 食品産業における事業所数の推移（全国）

（単位：事業所）

従業者規模	非農林漁業（公務を除く）		食品製造業		飲食店		持ち帰り・配達飲食サービス業	
	2009年	2014年	2009年	2014年	2009年	2014年	2009年	2014年
1～4人	3,522,640	3,153,117	18,069	16,429	427,123	367,812	16,359	19,767
5～9人	1,162,651	1,081,317	11,768	1C,613	127,430	115,182	13,759	17,692
10～19人	676,001	663,491	9,145	8,149	68,950	68,027	11,173	10,396
20～29人	240,262	243,302	4,107	3,806	27,467	27,475	2,957	2,888
30～49人	177,374	178,039	3,842	3,410	16,121	15,028	1,651	1,649
50～99人	108,681	109,187	3,077	2,972	5,154	4,970	757	760
100～199人	41,354	41,770	1,513	1,550	617	655	213	204
200～299人	10,724	10,976	507	500	63	106	48	37
300人以上	12,314	13,104	510	546	69	99	67	82
出向・派遣従業者のみ	16,818	22,617	59	62	464	648	55	165
合計	5,968,819	5,516,920	52,597	48,037	673,458	600,002	47,039	53,640
増減率	－	▲7.6	－	▲8.7	－	▲10.9	－	14.0

資料）総務省「経済センサス」各年度版。

注）網掛け部分は減少を示す。

●　第１章　農業および食品産業の担い手像

である。まず、最下段の事業所数合計に注目しよう。2009年から2014年の５年間に「農林漁業と公務を除く全事業所」は約7.6％減少しているが、同じ期間に食品製造業は約8.7％、飲食店は約10.9％減少しており、これら産業の減少テンポは他よりも速い。一方、持ち帰り・配達飲食サービス業に分類される事業所の数は約14.0％も増加しており、同業種は昨今における成長産業の一つとして位置づけることができる。若年層、高齢者層を問わず単身者世帯が増えたことや女性の社会進出等によって、家庭外で調理された弁当や総菜を家庭で食する「中食」関連の産業が伸びているといわれるが、この数字はそれを裏づけるものといえる。

　次に、事業所の規模別変動をみてみよう。ここでは、従業者数を事業規模の代理変数とみなして各産業の事業所を分類している（事業所は単独の企業でないことも多いし、国や地方公共団体も含まれるので資本金を基準とした分類はそぐわない）。業種によって大規模、中規模、小規模に該当する従業者数は異なるので厳密な分析はできないが、大枠は掴めるだろう。読み取ることができるのは以下の諸点である。

　①いずれの産業においても中小規模の事業所のシェアが圧倒的である。わが国産業の構成要素として中小規模の事業所は無視できない存在だが、それが減少傾向を示している。②非農林漁業平均については従業者数が20人未満の小規模層が減少し、それ以外は増える傾向にある。③これに対し、食品製造業では従業者数が300人未満のほぼすべての階級で、飲食店については従業者数が100人未満の階級で事業所数が減少している。④持ち

帰り・配達飲食サービス業はやや特異な動きを示しており、従業者数が10人未満の階級と300人以上の階級で事業所数が増えており、その間の階級では減少している。持ち帰り・配達飲食サービス業で小規模層が増加していることについては、この種の事業をビジネスチャンスと捉え、新たに事業を始める小規模企業の増加やチェーン店を多数有するような大企業が支店・営業所を追加で開設したことなどが考えられるだろう。

このように、全産業的に中小規模の事業所は減少しているが、食品産業の場合、総じて言えば中小規模のなかでも従業者が比較的多い階級まで事業所数が減少しており、その傾向はより顕著だといえる。

中小規模の事業所の減少要因としては主に三つが考えられる。第一は、業績を伸ばした事業所が従業者を増やし上位の階級に移動すること、第二は、事業規模を縮小（人減らし）することによって下位の階級に移動すること、そして第三は、事業所の閉鎖・倒産である。ただし、事業所数全体の急激な減少傾向から推察すると、中小規模の事業所が減少していることの主な要因は第二、第三、特に第三の動きだと判断してよい。

中小規模の事業所は全国各地に点在しており、それが位置する地域の経済を構成する重要な要素である。また、食品製造業や飲食店等は、各地域で生産される特色ある農林水産物を活用しながら事業を営んでいる。こうした事業所が衰退することは各地の農林水産業にも大きな打撃を与えることになるだろう。

● 第1章　農業および食品産業の担い手像

4 ｜ 農業および食品産業を取り巻く情勢変化

◆ 農業および食品産業における経済性の追求

　既にみたように、わが国で農業を営んでいる経済主体の圧倒的大多数は小規模な家族農業経営体と自給的農家（およびそれに類する経済主体）である。そして、こうした構造がわが国農業の低生産性につながっていることは事実である。このため、わが国では古くより、大規模経営体を育成し、それら大規模経営体を農業生産の中心的な担い手とすること、そのために農地の貸し借りを円滑化させ、一部の経営体に農地を集積することを重要な政策課題としてきた。

　昨今話題のアベノミクスにおいても、その路線は継承されている。安倍政権が打ち出した農業構造再編の具体的な方策は、①担い手と目される一部の経営体に農地を集積すること、②そうした担い手の一形態として農外参入企業を位置づけること（畜産や施設型農業とは異なり、耕種農業へ農外から企業が参入することについてはこれまで厳しい制限がかけられていた）、③農地を集積させる仕組み（農地中間管理機構）を整備すること、である。

　「一部の経営体への農地集積」と「一般企業を参入させること」の論拠は経済学や経営学のスタンダードな理論に沿うものだといえる。農地集積によって一部の経営体が大規模化すればスケールメリットによって生産効率は向上する。また、伝統的な農家とは異なる企業的な経営体が増えればビジネスセンスを

20

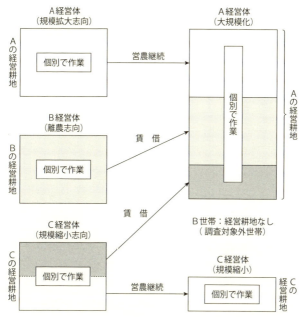

資料) 実態調査の結果を踏まえ、筆者作成。
注) A経営体の例は大規模家族農業経営体や農業法人、農外参入企業などである。

図1　大規模経営体の形成パターン例1

活かした効率的な事業運営が期待できる。TPPの締結により、わが国の農業はこれまで以上に国際競争に晒されることになる。これに対応するためにも、農業の産業力を強化せねばならないという論理である。

なお、農政当局が育成を目指している大規模経営体は、基本的に「大規模家族農業経営体」と組織農業経営体のうち「複数の力のある農家・農業者によって設立された会社組織」および「農外参入企業」であり、そこでは「個」としての大規模経営体

● 第1章 農業および食品産業の担い手像

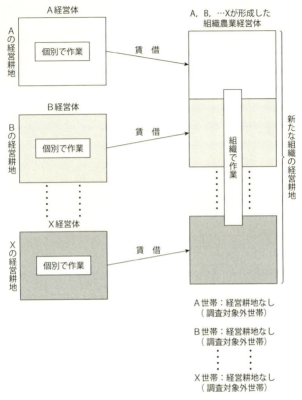

資料）実態調査の結果を踏まえ、筆者作成。
注）A経営体、B経営体、……、X経営体は消滅し、組織に農地を貸し、労働を提供する世帯になる。また生産物の所有権は組織にある。

図2 大規模経営体の形成パターン例2

が中心に据えられている（図1のパターン）。小規模な家族農業経営体や自給的農家等がムラぐるみで組織を形成し、結果として経営規模が拡がるケース（図2のパターン）やそれに類するケース（図3のパターン）等はセカンドベストないしはそれ以下とし

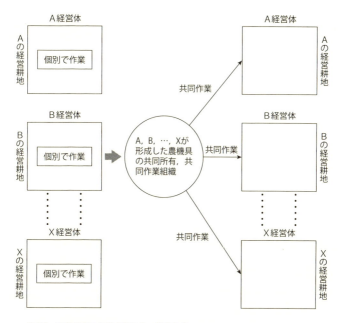

資料) 実態調査の結果を踏まえ、筆者作成。
注1) A経営体、B経営体、……、X経営体は残存し、組織から作業を提供してもらう。
 2) 各経営耕地で生産された農産物の所有権は各経営体にある。

図3　農機具の共同利用・共同作業型組織の形成パターン例

て位置づけられているといってよい。

　一方、食品産業に関しては、最近の動向として以下の諸点に注目しておく必要がある。第一は、ファーストフード業界における過度な低価格競争に代表されるような競争の激化である。人口減少化社会、少子高齢化社会の到来にともなって、企業は限られた消費者を奪い合わねばならないのである。第二は、産

● 第 1 章　農業および食品産業の担い手像

地偽装や消費期限の偽装に代表される企業不祥事の頻発、さらには従業員を低賃金で長時間働かせる「ブラック企業」の登場である。そして、これらが、企業間競争に勝ち抜くための過度な利益追求と低コスト化から生じていることはいうまでもない。

◆ 農業および食品産業における新たな動き

　これら双方に共通するのは要するに「経済性の追求」だが、昨今、これとは異なる動きが出てきたことには留意すべきである。例えば、消費者サイドにおいて「健康志向」や「食に関する安心安全志向」、「地産地消（地域で生産された農産物を地域で消費しようとする活動を通じて、農業者と消費者を結びつける取組）に対する意識」が高まりつつあり、価格のみが食料を購入する際の判断基準ではなくなってきている。また、CSR（企業の社会的責任）を意識し、倫理的な経営に取り組む企業も増えている。農業においても、生業ではなく生活スタイルの一環として農業に取り組む者が増えてきており、そうした人々が労働力不足の過疎山村で地域農業を支えているといったケースも散見される。

　さらに、環境問題への関心が高まるにつれ、「生産効率のみを過度に追求し、環境への影響を勘案しない農法（例えば、化学肥料や農薬の過剰使用）」や「人々の健康への配慮を欠いた加工・調理方法」、「大量の食品ロスを発生させるような生産・物流システム」などが問題視されるようになってきている。農業も食品産業も今日の社会システムの中において、一定の経済性を追求せねばならないことは否定できないが、それとは異なる側面・方向性も重要である。次に、こうした点も踏まえつつ、今後の

24

農業および食品産業の担い手について考えてみよう。

5　農業および食品産業における今後の担い手

◆ 大規模経営体の形成に関する論点

　今後の農業の担い手として大規模経営体に対する期待は大きい。そして、その一つの形態である農外参入企業が注目されている。しかし、農業・農村の現場では、それらの形成可能性や有効性に対する懐疑的な意見も少なくない。まず、この点をみておこう。

　第一は、経営耕地の減少である。理論的には、生産性が低くビジネス志向が低い家族農業経営体その他が離農したり、生産規模を縮小したりし、その分の余剰農地が一部の経営体に集積することによって、生産性が高い大規模経営体が形成されるはずである。だが、実際にはそうはなっていない。余剰農地はそのすべてが他の経営体に集積するわけではないからである（図4のケース）。家族農業経営体その他が経営耕地を縮小する場合、条件の悪い農地から耕作を停止していくことが一般的だが、そうした農地には受け手がつかないこともある。その場合には余った農地は荒地として放棄せざるを得ない。また、自ら耕作はしないが、「他人に自分の農地を触られたくないという農業者的な感情」から敢えて荒地を選択するケースも存在する。

　さらに、生産規模を縮小した分の農地を宅地や商業施設用地などに転用販売すれば、莫大な売却収入を得ることもできる。

25

● 第1章　農業および食品産業の担い手像

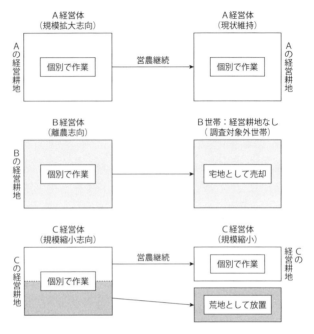

資料）　実態調査の結果を踏まえ、筆者作成。
注）　このパターンではB経営体、C経営体は離農したり、営農規模を縮小したりしているが、それが大規模経営の形成にはつながっていない。

図4　農地がうまく集積しないパターン

　農林水産省『耕地及び作付面積統計』によれば、農産物の生産に活用されている耕地の面積（都府県）は、2005年：352万ヘクタール、2010年：344万ヘクタール、2015年：335万ヘクタールであり、減少傾向が続いている。大規模経営体を形成するためには小規模層が離農したり、経営耕地を縮小したりすることが必要だが、それが貴重な資源である農地の減少につながることも少なくないのである。

　第二は、コミュニティの問題である。水田地帯では、水管理

や除草といった手作業はムラ総出の共同作業として実施されることが多い。そして、これら共同作業の存在が農村コミュニティの維持につながっている。ムラの農業を単一の大規模経営体が担当する場合、共同作業がなくなり、農村コミュニティが崩壊する恐れがある。

第三は、大規模経営体の一つの形態として注目されている農外参入企業の継続性である。企業は「赤字部門は撤退」を基本論理として行動する。農外参入企業に農地を集積し、他の経営体が離農した後に同企業が赤字を理由に撤退した場合、残された農地を誰が耕作するのかという問題が残る。

第四は、中山間地農業の問題である。わが国の農業産出額の４割は中山間地から産み出されている。また経営耕地の４割も中山間地にある。中山間地は傾斜がきつく、農地の形状も整っていないことが多い。また、一枚の農地の面積も狭い。大規模化のメリットは、ある程度の広さで形状の良い農地を地続きで連続的に耕作することで得られる。したがって、中山間地においては経営耕地面積を拡げ、大規模に農業を営むことのメリットはあまりないし、そうした経営体を形成することも物理的に困難である。また、農外参入企業は生産効率が劣る中山間地にはそもそも興味がない。農地の条件が悪く、しかも受け手がいない以上、中山間地では小規模層が離農したり営農規模を縮小したりした場合、既述した経営耕地の減少が他よりも一層進むことが予想される。

このように大規模経営体の形成については、いくつかの論点が残されている。農業の担い手について検討する際には、これ

● 第1章　農業および食品産業の担い手像

らを勘案する必要があるが、それに加えて昨今の社会情勢も考慮すべきである。次に、この点をみてみよう。

◆ 持続可能社会と農業

　近年、経済的利益や物質的な豊かさのみを求めるのではなく、「生物資源の循環利用」や「地域社会の維持」などをとおして「人間と自然との共生」、「経済活動と環境保全との調和」を長期的に可能とするような持続可能社会の実現を目指す取り組みが世界全体で注目されている。持続可能社会とは「将来世代のニーズを満たすための能力を損なうことのない範囲で現世代が環境や資源を活用し、自らのニーズも充足させる社会」のことである。

　持続可能社会という観点に立つ場合、今の時代の農業生産が後に続く時代の農業生産を妨げることがないように配慮せねばならない。今日の農業は、①品種改良（在来種の中から優れた資質を有する品種のみを交配させて新品種を作り出すこと）、②化学肥料や農薬の大量投入、③灌漑設備の整備、④農作業の機械化、等によって発展してきたが、昨今ではその弊害が顕在化してきている。例えば、農薬や化学肥料の大量投入によって環境破壊が進み、農地や水源等を将来世代に引き継ぐことが不安視されているような事例も現存している。また、品種改良によって虫や病気に強く、単収（単位面積当たりの収穫量）が多く、食味も良い作物が作り出されたが、その一方で、数多くの在来品種が消滅し、「作物多様性」が失われつつある。現世代が生存に要する食料を十分に確保することはもちろん大切だが、持続可能社会におけ

28

るこれからの農業はこうした事柄も無視してはならないだろう。そうした社会に相応しい農業の担い手の姿とはどのようなものだろうか。

◆ 多様な担い手の併存・共存

　大規模経営体およびその一形態である農外参入企業には優れた点がいくつもある。ゆえに、それらが中核的な担い手として機能すべき場は勿論、存在する。しかし、そのメリットが十分に発揮できない地域（デメリットが作用する地域）や、それらの形成が困難な地域も少なくない。農業の担い手問題を論じる際には単一の方向ではなく地域の特性を踏まえた複数の路線を考えるべきである。大規模経営体を形成することは大切だが、過度に小規模層が離農・縮小しないような仕組みも地域によっては必要だと思われる。

　基本的に、小規模層ほど兼業農家率が高く、労働力不足であり、高齢化が進んでいるといってよい。よって、小規模層が単独で農業の担い手として存続し続けることは難しい。その場合に考えられるのは、複数の農家が共同・協力関係を結ぶ農業生産組織である。農業生産組織も組織農業経営体の一種だが、その政策的な位置づけは個別の会社組織や農外参入企業などに比べれば高くない。農業生産組織には、農機具の共同所有型、共同作業型、農作業受委託型といった多様な形態が存在する。地域の特性にフィットし、かつ、ムラの農家が総出で参加できるような農業生産組織の形成にも力点を置くべきである。

　そうした組織が形成されることによってこそ、農業生産の基

● 第1章　農業および食品産業の担い手像

盤である農村社会が維持され、地域環境の保全ができ、自然と共生しながら食料を生産することが可能になるだろう。大規模経営体がムラの農業を単独で担当する場合、そうしたことは難しくなるかもしれない。

　効率的に食料を生産することについては、確かに大規模経営体は優れている。しかし、地域社会の維持や環境との調和という観点に立てば、それらとは異なるタイプの担い手も必要である。大規模経営体の形成のみを重視する場合、小規模層は「すみやかに離農すべき存在」として捉えられることも少なくない。しかし、大規模経営体と小規模層、そして小規模層が形成する農業生産組織が併存・共存することによってこそ、食料に関する現世代と将来世代のニーズを共に満たすことができると思われる。なお、その際には、ムラの高齢化や過疎問題、農業生産組織を運営する人材確保の問題について対策を講じねばならないことはいうまでもない。

◆ 食品関連産業の担い手

　次に食品産業について考えよう。既述のように、わが国の食品産業は中小規模の企業や事業所から成り立っている。中小規模の企業・事業所の多くは都市圏だけでなく全国各地に立地しており、各地の地域経済を支えるとともに、雇用機会の確保やそれを通した地域振興といった多様な役割を担っている。地域の活力を維持していくためには、そうした企業・事業所の存在が不可欠だといえる。

　単純な経済学の論理においては、競争力のない経済主体は淘

汰され、残った経済主体が効率的に事業を運営することによって経済発展を牽引していくことが想定されている。多くの中小規模企業・事業所の競争力は確かに低いかもしれない。しかし、だからといって淘汰されてよい存在ではない。

特に、食品関連の企業・事業所は、それらが位置する地域で生産された農林水産物を起点としたフードシステムの中で重要な役割を果たしており、農林水産業や他の関連産業への波及効果という観点からもその存在意義は高い。一部の大企業が安価な農林水産物（特に海外産）を活用し、低価格で食料を供給すればそれでよいわけではない。中小規模の企業・事業所も食品産業の担い手として位置づけ、その維持・発展方策を考える必要がある。そうした企業・事業所の存在が、それらが位置する地域の農業を支援することにもなり、ひいては地域社会の活性化に寄与することにもなる。そして、そのことは新しい時代の社会システムにおいても望ましいことだと判断できる。

6 　農業および食品産業の担い手と消費者に求められる意識改革

◆ 農業・食品産業・消費者の連携

農業においては小規模層が形成する農業生産組織、食品産業においては中小の企業・事業所、これらも各産業における担い手として位置づけるべきだが、それらが経済的に弱い存在であることは事実である。それでは、以上で述べてきたビジョンを実現するためには何が必要だろうか。一つの方策としては、各

地域において農業と食品産業および食料を購入する消費者が強固に連携することが考えられる。

地元で収穫された農産物を地元で加工し、商品力のある食料として出荷するだけでなく、地元で流通させ、地元で消費するといった取り組みを進めることで、地域の農業、食品産業を守り、その担い手達を支援するのである。いわゆる農商工連携、6次産業化、地産地消と呼ばれるものである。そして、そのためには消費者、農業および食品産業の担い手の各々が意識を変革する必要がある。

◆ 消費者の意識改革

「攻めの農業」、「農業は成長産業」といったフレーズが耳目を集めているが、山地が多く平地が少ないわが国においては、農業の国際的な競争力はそもそも弱く、それを追及できないような条件不利地域（経済性の追求に限界がある地域）も多い。また、中小規模の食品製造業や飲食店の生産効率は巨大食品製造業やチェーン店を多数抱える飲食店に比べれば低いといわざるを得ない。したがって、こうした取り組みを実践した場合、消費者が購入する食料の価格は割高になる可能性がある。問題はそのことをどう考え、どう評価するのかである。

地域で生産された農産物を地域で加工し、地域で消費することにより、生産者と消費者の距離は縮まる。食料が人間の健康や「いのち」に直結した財であることを思い起こせば、誰が何処でどのようにして生産した食料であるのかがわかるということは——食の安心・安全という観点からすれば——価格の低さ

とは別の魅力となるはずである。

　また、地元の農産物やその加工品を優先して選ぶことにより、地域の農業や食品産業が活性化するのであれば、そのことは農村社会・地域社会というコミュニティや地域の食文化を守ることにもつながるだろう。そして、そのことの恩恵は最終的には消費者自身に還元される。さらに、農産物や農産加工品の輸送距離が短くなることにより、化石燃料の消費量が減少するので、持続可能社会の形成に寄与することもできるようになる。こうした意識を消費者が持つことが大切である。

◆ 農業および食品産業の担い手の意識改革

　無論、農業や食品産業の担い手も相応の努力をせねばならない。食品産業においては産地偽装や消費期限の操作などはあってはならないし、価格のみを原料食材選定の判断基準とすべきではない。また、企業倫理や社会的倫理などを意識しつつ、人間の健康維持・増進に寄与することができるような食品作りに努めねばならない。食品ロスをできるだけ防ぐために計画的な事業運営を実施することも大切だし、発生した食品廃棄物については肥料や飼料として循環的に利用することを考えるべきである。そうすることで農業分野との連携関係は一層深まるだろう。

　一方、農業においても変革は必要である。わが国の農業においてはコメが中心的な作物であり、小規模層ほどその傾向は強い。コメは古くから作り続けてきていること、作物を換えるためにはコストが必要だが、小規模層にはそれが負担できないこ

● 第 1 章　農業および食品産業の担い手像

と、「自分の田で収穫されたコメを食べたい」という心情があること、コメならば他の作物ほど手間がかからないので労働力が不足しがちな小規模層でもどうにか対応できるが、他作物の場合は難しいことなどがその理由である。しかし、食品産業と連携しやすい体制を構築するためにはコメ一辺倒ではなく、加工に馴染むような作物、商品力がある作物への転換が必要である。小規模層が個々別々に農業を営んでいたのでは、それは難しいかもしれないが、組織的に対応すれば不可能ではない。そして、その際には、環境保全等に配慮した栽培方法にも取り組むべきである。

　また、農地は農業者の私有財産であるゆえに、その取り扱いは個人の裁量に本来は委ねられる。しかし、ムラの中で一枚の農地が荒地になれば、雑草が育ち、虫がわき、獣害の温床ともなる。さらに、農地が荒れることで、農地が発揮すべき多面的な機能（国土保全機能、治水機能、生態系の維持機能等）が失われ、地域環境が悪化する可能性もある。個人の判断が地域全体に影響を及ぼすことを踏まえ、「農地は個人財産であるとともにムラの共有財産である」といった意識を持つことも大切である。ムラの中で荒地を増やさないためにもムラ全体が参加する組織的な取り組みは有効だといえる。

◆「人」の問題

　なお、ここで大きな問題となるのが「人」である。大都市圏とは異なり、農山村や地方都市においては人口流出が激しく高齢化も進んでいる。地元の各産業で働く者もその産業が供給す

る財・サービスを購入する者も減少しており、地域は活力を失いつつある。特に農山村においては高齢化・労働力不足・後継者不足が顕著であり、ムラぐるみの組織形成が困難な事例や、現在はどうにか組織が成り立っているが、将来の組織を運営する人材は見当たらない事例が少なくない。こうした傾向に歯止めをかけなければ、地域の農業や食品産業の維持・発展は望めない。そのためには、その土地に暮らす人々の地元志向・地元意識を高める必要があるし、それが可能となるような地域振興策を講じねばならない。

　そして、都会から人を呼び込み、そうした人々を地元の産業で働くと同時に地元の食料を消費する者に育てることを考えるべきである。一般に、農山村は閉鎖的であり、「よそ者」がムラに入ってくること、ムラの農地に触れること、ムラで農業に関わることを嫌う傾向がある。しかし、過疎化、高齢化、人手不足といった農業、農村の現状を冷静に鑑みれば、意欲ある若者を域外から農村に引き入れ、そうした人材をムラの農業の中心的な担当者に育てることを真剣に考えねばならない（場合によっては外国人がその候補となることもあり得るだろう）。ここでも意識改革が求められるのである。

7 むすび

　自由な市場競争と経済性の追求は、財やサービスを最も効率的に生産・流通・分配するための仕組みだが、それらはあらゆる経済・社会問題に対し有効であるわけではない。過度な経済

● 第1章　農業および食品産業の担い手像

性の追求が様々な弊害を引き起こしていることをわれわれは知っている。経済発展のみが幸福の基盤でないことも明らかになってきた。また、人々の健康と「いのち」に直結した特殊な財である食料をどう生産するのかを経済性のみを基準として判断することには問題がある。農業においては経済性の追求がそもそも難しい条件不利地域も存在する。

　農業および食品産業の担い手、消費者がそれぞれ意識を変えることにより、経済性の追求のみを最優先した場合とは異なる形の農業の担い手構造、食品産業の担い手構造を展望することが可能になると思われる。来るべき持続可能社会・循環型社会においては、そうした姿の担い手が単なる経済性の追求とは異なる原理で活動できるような条件を整備することも極めて重要なのである。

◎用語解説────────────────

農業生産組織：複数の農家が農産物の生産をおこなうために共同・協力関係を結んだ組織のことであり、その共同・協力関係の内容によっていくつかのタイプに分類される。なお、農業生産組織にあっては、それを構成する農家の経営はそれぞれ独立しており、生産物の所有権・処分権は基本的に各構成農家に帰属する。また、この共同・協力の範囲がムラや集落全体にまで広がったものを一般に集落営農と呼ぶ。

農事組合法人：会社法ではなく農業協同組合法に基づく農業独自の法人形態。①構成員の共同利益の追求を目的としていること、②議決権が1人1票であること、といった特徴を有している。

GDP：Gross Domestic Product。一定の期間内（通常は一年）にある国の国内でおこなわれた経済活動による商品やサービスの産出額

36

から原材料などの中間投入額を控除した付加価値の総額のこと。「国の実体経済」を表す指標とされている。

CSR：Corporate Social Responsibility。企業が様々な利害関係者（株主、顧客、従業員、取引先、地域社会等）の立場に配慮し、社会の構成員として果たすべき責任のことをいう。一般には、利益のみを追求するのではなく、社会公正性や社会的正義、環境への配慮などを組み込んだ企業活動をおこなうこととして理解されている。

農商工連携：農業者と工業者、商業者が経営資源や技術、知識、スキルを互いに持ち寄り、新たな商品やサービスの開発等に取り組むこと。同一地域内で連携関係が結ばれることが多く、地域産業や地域社会の活性化への寄与が期待されている。

6次産業化：農林水産業（第1次産業）が食品加工業（第2次産業）や飲食店・食品流通業（第3次産業）にも業務展開すること。1×2×3＝6であることから6次産業化という。あくまでも1次産業が中心であり、それが衰退しては意味がない（0×2×3＝0）という意味で足し算（1＋2＋3＝6）ではなく、掛け算で表現される。

◎さらに勉強するための本—————————

安藤光義編著『日本農業の構造変動——2010年農業センサス分析』農林統計協会、2013年。

内山節『半市場経済——成長だけでない「供創社会」の時代』角川新書、2015年。

梶井功編著『「農」を論ず——日本農業の再生を求めて』農林統計協会、2011年。

時子山ひろみ・荏開津典生『フードシステムの経済学』医歯薬出版、2013年。

ギモンをガクモンに

No.2

どうして農協がマスコミで話題となるのだろうか? そもそも農協ってナニ?

テレビなどでJAバンク、JA共済のCMをよくみかけます。JAとは何でしょうか。日本の農協の英語表記であるJapan Agricultural Co-operativesの頭文字のJとAをとったものです。

国民経済に占める農業のシェアも農家の数も多くはないですが、JAグループは一定の存在感を示しています。JAバンク、JA共済は農家でなくても准組合員として利用可能ですし、JAグループの事業の規模を業種ごとにみても大手企業と肩を並べる大きさです。それがゆえに国内で批判対象となることがしばしばあり、農協改革が叫ばれてきました。他方、日本の農協は海外で高い評価を受けています。

日本の農協には前史を含めて長い歴史があります。地縁的な相互扶助に基づいた協同組織として発展を遂げたと同時に、政策の下部機関として機能してきた一面ももっています。

その歴史を振り返って、「農協とは何か」という本質を理解することが大切です。農協改革については、その本質を踏まえた議論が必要になります。

第2章

協同組合としての日本の農協

キーワード

協同組合原則／産業組合／総合農協／准組合員制度／
戦後農協のアイデンティティ

1 はじめに

　JAという名称を聞いたことがあるだろうか。JR、JTは聞いたことがあるが、JAは聞いたことがないという人がいるかもしれない。これは日本の農協、それも信用、共済、購買・販売、医療などの事業を営む総合農協の愛称である。JAバンク、JA共済、JA全農などは、日本の銀行、保険会社、商社などと比べても遜色のない取扱高を誇っている。

　日本の総合農協は、世界の協同組合の中でも優等生として広

く知られている。では、協同組合原則にどの程度忠実な協同組合であるのか、あるいはその歩んできた歴史とはどのようなものであったのか、そして、その歴史が現在の総合農協にどのように反映されているのか、と問われると、あまり知られていないのかもしれない。

　そうした中で、今般、安倍政権のもとで「60年ぶりの農協改革」が断行された。改正農協法では、協同組合を無視、あるいは営利企業と同一視した方向性が明文化された。今、日本の総合農協は、大きな岐路に立たされている。本章では、そんな岐路に惑わされないためにも、日本の総合農協の立ち位置がどの辺りにあるのかを明らかにしていきたい。

2 協同組合原則とはどのようなものか

◆ 近代的協同組合のはじまり

　人と人とが力をあわせて生きていく、という意味の協同は、人類はもとより、動植物の世界でも広くみられるものであって、特別なものではない。また、ある一定の目的のもとに人びとが集まり、その目的を実現するための団体をつくるという意味の協同組織も、時代を問わず、いつの時代にも存在している。

　しかし、協同組合、とりわけ近代的協同組合というのは、産業革命が起こり、資本主義体制が成立して以降、資本の抑圧に対抗する人たち、とりわけ零細農民や小生産者、賃金労働者たちが、人権において平等な個人として連帯し、組織化したもの

● 第2章 協同組合としての日本の農協

をいう。

そのはじまりは、1844年、イギリスの28人の工場労働者たちが設立した消費者協同組合「ロッチデール公正先駆者組合」であった。彼らは悪徳商人のわな（掛け売り）から逃れるために、1人1ポンドの出資金を出しあって、良質のパンを現金で購買する店舗を開設した。また、これとほぼ時を同じくして、フランスでは自らが就労の場をつくる目的で生産者労働組合を、また、ドイツでは貯金を集め、資金を貸し出す（相互金融の）目的で、市街地と農村のそれぞれに信用組合を設立した。

◆ ICA協同組合原則の制定

その後、近代的協同組合の運動は世界各国に広がっていったが、この展開を踏まえて1895年には協同組合の国際的連携を図るための組織として国際協同組合同盟（ICA）が創設された。

創設からおよそ40年を経た1937年の第15回パリ大会で、ICAは協同組合7原則（①開かれた組合員制、②民主的運営、③利用高に応じた配当、④出資金に対する利子制限、⑤政治的・宗教的中立、⑥現金取引、⑦教育の促進）を採択した。これを「37年原則」と呼ぶが、この原則はイギリスのロッチデール公正先駆者組合の運営原則を反映し、また、①〜④を義務的原則、⑤〜⑦を付随的原則としたところに特徴があった。

ここで、義務的原則とは、①〜④の原則を満たしている協同組合だけがICAに加盟できることを表しており、ICA加盟の絶対的条件とされた。

◆ ICA「協同組合のアイデンティティ声明」

　その後、ICA原則は1966年、1995年と二度にわたって改訂され、1995年原則が現行の協同組合原則となっている。この95年原則は「協同組合のアイデンティティ声明」と呼ばれ、【定義】【価値】【原則】の３部で構成されている。

　【定義】
　協同組合は、人びとの自治的な組織であり、自発的に手を結んだ人びとが、共同で所有し民主的に管理する事業体をつうじて、共通の経済的、社会的、文化的なニーズと願いをかなえることを目的としている。
　【価値】
　協同組合は、自助、自己責任、民主主義、平等、公正、連帯という価値を基礎とする。協同組合の創設者たちの伝統を受け継ぎ、協同組合の組合員は、正直、公開、社会的責任、他人への配慮という倫理的価値を信条とする。
　【原則】
　第１原則：自発的で開かれた組合員制
　加入・脱退の自由。組合の活動に参加し、事業を利用したいと希望するものには加入を拒まず、また強制的に脱退させることはできない。
　第２原則：組合員による民主的管理
　組合員それぞれが１人１票の選挙権や議決権を行使して決定する民主的な組織。

43

第3原則：組合員の経済的参加

組合員は公平に出資して、組合の事業を利用する。

第4原則：自治と自立

組合員による民主的な管理を確保し、協同組合の自主性を保持する。

第5原則：教育、研修および広報

組合員一人ひとりの参加意欲を高める。

第6原則：協同組合間の協同

地域・全国、近隣諸国、国際的に相互に協同する。

第7原則：地域社会への関与

魅力的な地域づくりや地域社会の持続的な発展に取り組む。

◆ ICAアイデンティティ声明の特徴

ICAアイデンティティ声明の第1の特徴は、【定義】で組織の主体、目的、手段を明記したことである。組織の主体は「人びとが自発的に手を結んだ人びとの自治的な組織」、組織の目的は「共通の経済的、社会的、文化的なニーズと願いをかなえること」、組織の手段は「共同で所有し民主的に管理する事業体による」とされた。

第2の特徴は、協同組合が堅持する価値と組合員が堅持する倫理的価値とを区別したことである。協同組合が堅持すべき価値としては、自助、自己責任、民主主義、平等、公正、連帯が指示され、組合員が堅持すべき価値としては、正直、公開、社会的責任、他人への配慮が指示された。

第3の特徴は、37年原則で義務的原則とされた①〜④の原則は、継続してICAアイデンティティ声明に盛り込まれていることである。①の「開かれた組合員制」は第1原則、②の「民主的運営」は第2原則、③の「利用高に応じた配当」と④の「出資金に対する利子制限」は第3原則に引き継がれた。すなわち、第1原則から第3原則までが義務的原則を表している。

　第4の特徴は、第1原則から第3原則までが協同組合内部の原則、第4原則から第7原則までが協同組合の内と外に関わる原則によって構成されていることである。後者の原則のうち、第4原則〔自治と自立〕と第7原則の〔地域社会への関与〕は、37年原則や66年原則にはなかった21世紀型の新しい協同組合原則である。

　第4原則〔自治と自立〕の「組合員による民主的な管理を確保し、協同組合の自主性を保持する」は、とくに政府や資本制企業（営利企業）との関係において協同組合が堅持すべき自主・自立の態度として強調されている。また、第7原則〔地域社会への関与〕の「魅力的な地域づくりや地域社会の持続的な発展に取り組む」は、共益の領域を超えて、公益の領域への関与を想定したものであるが、これに無条件で取り組むのではなく、「組合員の承認する政策に従って」という条件が付されていることに注意すべきである。

● 第2章　協同組合としての日本の農協

3 ｜ 戦前の農協（産業組合）の歴史とはどのようなものか

◆ 産業組合法の制定

　第2次大戦後の日本の協同組合は、農協、漁協、森林組合、生協、労協、信金、信組、労金、全労済など、業種別に分立しているが、戦前はこうした業種別区分はなく、一括して「産業組合」と呼ばれていた。その産業組合法は1900（明治33）年に公布、施行された。

　この産業組合法の成立に尽力したのは、当時の法制局長官・平田東助である。しかし、歴史的にみると、それに先立って信用組合法案（議会解散のため法案は不成立）を提出した内務大臣・品川弥二郎の尽力も見落とせない。品川は平田の協力を得ながら信用組合法案を策定し、帝国議会へ提出したが、この法案の目的は、第1に信用組合を使って、1889（明治22）年から実施された市制・町村制を確固たるものにする必要があること、第2に1881（明治14）年にはじまる松方デフレ（松方正義による紙幣整理を中心とする財政政策で、激しいデフレーションを引き起こした）により、農民を中心に小生産者の没落が進み、その救済対策が急がれていることにあると議会で説明している。

　この説明からもわかるように、信用組合法、産業組合法という名称の違いはあるものの、両法案に流れる共通の目的は、協同組合という小生産者の協同組織の設立によって、生産物の販売、資材の購買、共同施設の利用、金融（貯蓄・借入れ）への接

46

近、における利便性を高め、地域経済の立て直しを図ることにあったといえる。

◆ 農会と産業組合の密接な関係

産業組合法は日清、日露の戦争間に成立、施行された。いわば日本の資本主義、帝国主義の躍進期にあったわけだが、こうした状況の中で、産業組合は農事改良を目的とする農会（全国農事会、府県農会、郡農会、町村農会）と密接な関係を結んでいった。

もう少し正確にいうと、すでに行政（国、県、郡、町村）と密接な関係で結ばれていた農会の働きかけのもと、全国各地に産業組合が設立されていったという経緯がある。実際に、町村役場、町村農会、産業組合という３組織は三位一体であり、町村長が農会長と産業組合長を兼務し、町村吏員が農会と産業組合の事務にあたるという事例が各地にみられた。

こうした動きは、明らかに「自由・自主・民主」の協同組合原則から逸脱しており、政府（行政）が協同組合を積極的に哺育したことを表している。しかし、資本主義、帝国主義の躍進と、弱者連帯による地域経済の保全という二律背反的な政策を進めなければならない当時の事情を考えるとき、完全に否定しきれるものではない。開発途上国では普通にみられる姿だといってもよい。

ただし、すべての産業組合が政府哺育型だったというわけではない。在村地主や大規模自作農など、地域社会・地域経済の有力者たちが、むらの経済の立て直しの観点から産業組合を設立していった事例も数多い。とりわけ、繭（生糸）や茶など、当

47

時の輸出農産物を生産する地域では、産業組合法の成立以前から「自由・自主・民主」の協同組織をつくるという傾向が強かった。

◆ 産業組合法の改正（信用組合と他種組合との兼営のはじまり）

原始産業組合法は、組合の種類を信用、購買、販売、生産（利用）の４種とし、その間の兼営を認めていた。ただし、信用組合と他種組合との兼営は認められていなかった。

日露戦争後の1906（明治39）年、産業組合法の第一次改正でこの制約は取りのぞかれた。その理由は、信用組合との兼営が認められていない状況では、組合員は信用組合と他種組合との二重の出資が必要となり、経済的負担が大きいこと、また、農産物の販売代金の受け取り、営農資金や生活資金の引き出し、貯蓄や借入れなどは一体のものであり、それらを一つの組合に統合することにより組合員の利便性が増すということにあった。わが国産業組合法がお手本としたドイツ産業組合法も同じように措置されており、それに倣うという観点からすれば当然の措置であった（反対論が出てこなかった）。

こうして戦後農協の最大の特徴である「事業の総合性（＝総合農協）」が、日本の協同組合である産業組合においても担保されるようになった。このことの歴史的意義は大きい。

◆ 産業組合拡充５か年計画

1929（昭和4）年にはじまる世界恐慌は、わが国農業にも大きな打撃を与えた。とくに米価の下落は激しく、自小作農や小作

農はもとより、自作農も赤字に陥る状況となった。加えて、1931（昭和6）年には東北・北海道地方を凶作が襲い、"農村恐慌"と呼ばれる深刻な事態を迎えた。

この非常事態に対処するため、政府は1932（昭和7）年に小農民の救済対策として「農山漁村経済更生計画」を策定し実行した。この計画の特徴は、産業組合を計画実行の中心機関に据え、産業組合をして救農土木事業や農家負債対策に取り組ませるという点にあった。

この計画に呼応して、同年に産業組合法の第7次改正がおこなわれた。この改正の最大の特徴は、農山漁村経済更生計画の確実な達成のために、農会の基礎組織である農家小組合を「農事実行組合」という名称で簡易法人（法人に準ずる組織）に転換させ、その簡易法人が産業組合に加入できるようにしたことである。

農家小組合は、農事改良の普及組織として、町村農会が農業集落（小字）を単位に全農家を組織したものであり、当時、全国でおよそ24万組合があったとされる。産業組合法の改正により、そのすべてが農事実行組合として産業組合に加入することになったのである。

すべての農事実行組合が産業組合に加入するということは、同時に、およそ550万戸とされる全農家が産業組合に加入することを意味している。言い換えれば、大から小まで、あるいは地主から小作まで、全戸参加型の産業組合がここに誕生したことを意味していた。

こうした全戸参加型、全国網羅型の産業組合は、「自由・自主・民主」の協同組合原則からすれば逸脱した姿だといえるか

49

● 第2章　協同組合としての日本の農協

もしれない。しかし、"農村恐慌" と呼ばれる非常事態のもと
で、これが間違った政策だったと断言することはもちろんでき
ない。

◆ 産業組合の分化

　1937（昭和12）年、盧溝橋事件が起こり、日中戦争がはじまっ
た。この戦時下で、1939（昭和14）年から肥料、農薬、石油など
農業資材の割当配給制度がはじまり、産業組合系統組織はそれ
らの独占事業体となった。また、販売事業では、米が1940（昭
和15）年から国家管理となり、同時に麦類の統制も開始された。
太平洋戦争に突入した1942（昭和17）年には食糧管理法が施行さ
れ、これにより産業組合が米・麦類を一元的に集荷することに
なった。さらにまた、1941（昭和16）年から農産物販売代金の貯
金振替制度が実施され、農家の販売代金を強制的に貯金させる
仕組みが完成した。こうして全国的に集められた産組貯金は、
戦費をまかなうための国債の消化に充てられた。

　こうした段階に至ると、もはや「自由・自主・民主」の協同
組合でありえるはずはなかった。当然のことのように国策機関
化していったが、その極まりが1943（昭和18）年の農業団体法の
施行であった。これにより、農会、産業組合、畜産組合、養蚕
業組合、茶業組合の5団体が一つの組織に統合され、市町村お
よび道府県段階に農業会、少し遅れて全国農業会が設立された。
また、産業組合中央金庫も従来の農業会、漁業組合、漁業組合
連合会に加えて、森林組合、森林組合連合会を新たに加入させ
て、農林中央金庫と改称された。

50

農業団体法の成立によって、各地の産業組合には大きな変化が起こった。農村産業組合は農業会に吸収されていったが、残された市街地産業組合のうち、信用組合は市街地信用組合法にもとづく市街地信用組合となり、消費組合だけが産業組合として存続することになった。

　これに関連していえば、これらの組合は第2次大戦後、新たな協同組合として再出発することになる。市街地信用組合は中小企業等協同組合法による「信用組合（通称、信組）」あるいは信用金庫法による「信用金庫（通称、信金）」となり、産業組合として存続していた消費組合は、消費生活協同組合法による「消費生活協同組合（通称、生協）」となった。

　もともとは農村も都市も関係なく、すべてが産業組合として設立されたが、戦後はそれぞれが独自の法律のもとで認可される農協、生協、信金、信組などに分化したのである。たとえば、現在のコープこうべの前身は1921（大正10）年に設立された神戸購買組合、灘購買組合であるが、これらの購買組合の設立を指導したのは世界的に有名な社会運動家の賀川豊彦であった。また、信用金庫の雄とされる城南信金（本店は東京都品川区）の前身は1902（明治35）年に設立された入新井村信用組合であるが、その初代組合長（設立者）は上総国一宮藩主にして全国農事会幹事長の加納久宜であった。加納はその後、帝国農会初代会長、大日本産業組合中央会副会長などに就任している。今では想像もできないことであるが、東京の大森駅周辺が入新井村だったのである。

● 第2章　協同組合としての日本の農協

4 ｜ 戦後の農協法制定の経緯とはどのようなものか

◆ 農地改革と戦後自作農体制

　1945（昭和20）年8月、わが国はポツダム宣言を受諾し、第2次世界大戦は終了した。連合国軍総司令部（GHQ）は、日本が再び世界の平和と安全の脅威とならないように、軍国主義の排除と民主主義の徹底を占領政策の基本方針とした。その民主化の一環として進められたのが財閥解体と農地改革であった。

　農地改革は、GHQが同年12月9日に日本政府へ手交した「農地改革の覚書」によって着手されたが、一般にこれを「農民解放指令」と呼んでいる。その内容は、地主制の徹底的な解体を進める農地改革と、その改革によって自作農となった小作人が、再び小作人に転落しないための合理的保護の規定をGHQへ提出せよ、というものであった。

　農民解放指令は、その合理的保護の規定の中に、①合理的な利率で長期または短期の農業融資を利用しうること、②加工業者および配給業者による搾取から農民を保護するための手段、③農産物の価格を安定する手段、④農民に対する技術的その他の知識を普及するための計画、⑤非農民的勢力からの支配を脱し、日本農民の経済的・文化的向上に資する農業協同組合運動を助長し奨励する計画、の各事項を含むように指示していた。

　これらはそれぞれ、現在の農業金融制度、農産物流通制度、農産物価格制度、農業改良普及制度、農業協同組合制度に対応

しているが、その根幹に位置づけられたのが農協制度であった。

　農協制度の設計に当たっては、農林省は現存する農業会の農協への段階的な移行を考えていた。しかし、GHQはこの考え方を受け入れず、アメリカの販売農協であるケンタッキー州ビングハム販売協同組合をモデルとした専門農協的な体系への転換を主張した。日米間の攻防は激しく、農林省がGHQへ提出した農協法案は第8次案までに及んだ。

◆ 戦後農協の誕生

　以上のように難航をきわめた農協法であるが、農業会の解散を規定する農業団体整理法とともに、1947（昭和22）年10月に可決、同11月に公布、同12月に施行された。この農協法と戦前の産業組合法との大きな違いは、産業組合法が協同組合の一般法であったのに対して、農協法が農業者（＝農民）の経済的、社会的地位の向上を目的とした職能組合法という性格を持っていることである。

　また、農協法と同時に公布された農業団体整理法によって、農業会、農事実行組合、生糸輸出業組合、養蚕実行組合は、この法律の施行から8か月以内、すなわち1948（昭和23）年8月までに解散することとされた。このうち、農家小組合に依拠した農事実行組合は、法人格は失われたものの、現在も「農家組合」「実行組合」あるいは「支部」「部農会」などの名称で農業者の集団活動を続けており、農協運営の基本単位（基礎組織）としても機能している。農家小組合、すなわち農業集落は、もともと法律に依拠しない人びとの協力組織（地縁組織）であったことか

● 第2章　協同組合としての日本の農協

ら、法人格が失われたからといって直ちに消滅するものではな
く、実態からいうと元に戻っただけである。

　新農協の設立は各地で活発に進められ、農業会の解散期限で
あった昭和23年8月末には、およそ1万3,000の信用事業を営む農
協（総合農協）が誕生した。これは、農業会の解散と農協の設立
が同時並行的におこなわれたためである。

　この農協の設立によって、役員をのぞく農業会の財産、事業、
職員のすべてが農協に継承された。「自由・自主・民主」の新た
な農協の設立とはならないが、それが事態を混乱させない唯一
の方法であった。当時、このような状況を評して「農業会の看
板の塗り替え」と称された。

◆ 准組合員制度の創設

　その後に、そして現在も、農協の准組合員制度（非農業者が農
協に加入する場合に正組合員ではなく、議決権、選挙権を持たない准組合
員となる制度）に関連して、農協は「職能組合」か「地域組合」
か、という論争が繰り広げられるようになった。法制度上は、
農協が農業者の経済的、社会的地位の向上を目的とした職能組
合であることに間違いはない。そのかぎりでは准組合員制度は
便宜的なもの、例外的なものだという判断も可能である。

　しかし、戦後農協の設立に至るまでの歴史を考えるとき、そ
れは間違った判断といわざるをえない。鈴木博編著『農協の准
組合員問題』（全国協同出版）によれば、産業組合法にもとづく産
業組合は、職能組合ではなく、地区内の居住者一般を「組合員」

とする地域組合であった。また、戦時中の農業団体法にもとづく農業会は、農業者と農地所有者を強制加入の「当然会員」、地区内の非農業者を「任意会員」として両者を区別したが、会員の権利に両者の差はなく、任意会員に対しても当然会員と同じように議決権等の権利を与えていた。

　農協法は、農業会の「任意会員」をそのまま引き継いで「准組合員」と規定している。その准組合員には議決権、選挙権などの共益権は与えられていないが、差別的ともいえるこの措置は、非農民的な性格を有する単なる地主層を、戦後農協の構成員から排除することをGHQが求めたことによる。しかし、同時に、農協法では、理事のうちの３分の１（原始農協法では４分の１）以内であれば、准組合員も理事になれるという規定を設けている。これは、地主層の排除をめざしつつも、彼らを完全に排除しては農協の運営がうまく回らないことをGHQが知っていたからである。

5　戦後農協の特徴とはどのようなものか

◆ 戦後農協のアイデンティティ

　"アイデンティティ"という言葉をこれまでも使ってきたが、これを日本語に訳すと「自己認識」となる。他者と比較して自己の特徴とはどのようなものか、つまりは「おのれは何者ぞ」を意味すると考えてよい。

　このアイデンティティに関連して、太田原高昭は武内哲夫・

● 第2章　協同組合としての日本の農協

太田原高昭著『明日の農協』（農文協）の中で、日本の総合農協の特徴を「総合主義」「属地主義」「網羅主義」と表現した。

　総合主義とは、信用、販売、購買、指導、共済、医療など数多くの事業を兼営する協同組合であることを意味する。これは、諸外国の、とくに欧米の農協が単一目的の専門農協が中心であることと比べると、大きな違いといってよいだろう（ただし、ドイツではその数を減少させながらも日本と同じ信用事業兼営型の購買農協が現存している）。

　属地主義とは、一つの地域内の農業者は原則としてその地域の農協に加入していることを意味する。仮に隣の農協の販売事業が魅力的であるからといって、自分の地域の農協を離れて隣の農協へ移ることはほとんど不可能である。農業者は実質上、農協を選択できない仕組みになっている。

　網羅主義とは、ほとんどの場合、農業者（農家）はその地域の農協に全員加入（全戸加入）していることを意味する。農家は主業農家、副業的農家、自給的農家、土地持ち非農家などに分化し、営む農業の種類もさまざまであるが、さまざまな事業を営む総合農協であるからこそ、全員のニーズや願いをかなえられるというわけである。

　こうした諸特徴からすれば、およそICAの協同組合原則、あるいは「自由・自主・民主」の協同組合とは相容れない協同組合が、日本の総合農協だということになるのかもしれない。しかし、それにはそれに至るだけの合理的理由があって、農業者がその仕組みに“ノー”を突きつけているのかというと、必ずしもそうではない。仮に“ノー”の農業者がいれば、その農業

56

者はその組合から脱退するか、事業を利用しなければよい。では、多くの農業者が戦後農協の仕組みを受け入れている理由は何であろうか。次にこれを検討しよう。

◆ もう一つの戦後農協のアイデンティティ

　「総合主義」「属地主義」「網羅主義」は、そのいずれもが戦後農協が誕生するまでの歴史的経緯によって規定されたものである。本章では、その歴史的経緯をピックアップして述べてきた。と同時に、戦後農協においても、協同組合であるからには協同組合としての普遍性は保持して然るべきである。本章では、この普遍性をICAの協同組合原則にもとづいて論じてきた。

　では、戦後農協の歴史性と普遍性の両方を考慮するとき、日本の総合農協にはどのようなアイデンティティが見出されるのであろうか。そのアイデンティティとして、次の4点が指摘できる。

　第1は、農協法制定の歴史的経緯からすれば、戦後農協は、戦前の産業組合、農会に加えて、米国の販売農協（ケンタッキー州ビングハム販売協同組合）の三元交配から生まれてきたという事実である。戦後農協に対して、産業組合は総合事業の展開、正・准組合員の区別のない地域組合という性格を付与し、農会は農家小組合（農業集落）を組織基盤としながら、農事指導と農政活動を展開する職能組合という性格を付与し、ビングハム販売協同組合は農産物販売を単一目的とする職能組合という性格を付与してきた。このような複合的性格を持つからこそ、戦後農協は生まれながらにして「地域組合であると同時に職能組合であ

57

● 第2章　協同組合としての日本の農協

る」という特徴を持っているといってよい。

　第2は、小農（家族農業）の組織だということである。少なく
とも大農（雇用農業）の組織ではない。現在、外国人労働力を使
って雇用農業を展開する農業経営が誕生しているが、そういう
雇用農業においても、その基本は家族によって経営が遂行され
る家族管理農業が大宗を占めている。日本の家族農業の始まり
は"太閤検地"にあるとされ、それ以降400年以上の歴史を刻ん
でいる。直系家族制（単独相続制）のもとで家産・家業・家名を
引き継いできた農業者たちは「定住者」という性格を持ってい
る。彼らは"農業の担い手"であると同時に、地域の文化や社
会を守る"地域の担い手"という役割を果たしている。いうな
れば、経済状況によって地域から撤退するような営利企業でも
なければ、辞令ひとつで各地を転々とするような「移住者」で
もない。

　第3は、戦後農協を一つの大海にたとえれば、その表層は経
済合理性（ゲゼルシャフト）によって支配されているが、深層は
地縁・血縁等による人間関係（ゲマインシャフト）によって支配さ
れているということである。流れの速い表層は事業体として生
き残るための対応を常に要求されるが、流れの遅い深層は世代
交代を経てゆっくりと変化するという性質を持っている。これ
は、その意思決定において「満場一致ルール」が適用されるこ
とに由来している。そうはいってもまったく変化しない組織か
というとそうではなく、表層は深層によって影響され、深層は
表層によってよって影響される、という相互作用の中で、経済
社会の変化に遅ればせながらも少しずつ対応している。鋭敏な

企業経営者たちからみれば理解できないことかもしれないが、農業構造がゆっくりと変化するように農協もゆっくりと変化している。

　第4は、戦後農協は、戦前の産業組合をルーツとしていることから、「地域インフラ」の一翼を担っているということである。品川弥二郎が帝国議会で説明したように、信用組合というのは1889（明治22）年に施行された市制・町村制を確固たるものとするために導入された。信用組合を基軸に地域インフラを形成するという考え方は現在の総合農協の中にも色濃く残されている。明治期における町村制の導入は最低限一つの小学校を設置するために措置されたが、そのことを踏まえれば、戦後農協は橋や道路、役場、小学校、郵便局などと並んで、地域インフラの重要な一角を形成しているといってよい。農業者をはじめとして定住者からは「地域にはなくてはならないもの」と理解され、共助・共益的であると同時に公助・公益的な性質を併せ持っていると考えられる。ただし、地域になくてはならない地域インフラだからこそ、空気のように「あって当たり前」の存在となっていて、組合員の当事者意識が不足する原因になっているのかもしれない。

6 ｜ むすび

　安倍首相は、2015（平成27）年4月29日、米国連邦議会上下両院合同会議で「60年ぶりの農協改革を断行する」と高らかに宣言した。そして、実際にそうした内容の農協法改正案が同年8月

● 第2章　協同組合としての日本の農協

28日、参議院において可決・成立した。この改正農協法は同年
9月4日に公布、翌2016（平成28）年4月1日に施行される。

　この改正農協法は「准組合員の事業利用規制」「全国農協中央
会の一般社団法人化とJA全国監査機構の分離・独立」「非営利
規定の削除」「総合農協の株式会社等への分離・分割」「JA全農
の株式会社化」「信用・共済事業の分離（地域農協の代理店化）」「理
事の割当制の導入」などの諸規定を盛り込んでいるが、果たし
てそれは正組合員（協同組合の主権者）である農業者たちから歓迎
されているのであろうか？

　おそらくそうではない。その理由は、この改正農協法が戦後
農協の歴史性も普遍性も無視した「根拠のない」法律改正とな
っているからである。と同時に、米国ならびに国際資本（グロー
バル企業）に気に入れられることだけを目的とした、営利優先の
「未来志向」の法律改正となっているからである。

　われわれは、この法律改正が農協の解体だけを目的としてい
るのではなく、その他の協同組合の解体に向けた攻撃のはじま
りであると理解することが必要である。この政府・政権側の攻
撃に対して協同組合がどのように立ち向かうか、これが問われ
ているのであるが、その唯一の方法は、協同組合原則にのっと
った思考と行動の徹底であることはいうまでもない。

◎用語解説────────────────

国際協同組合同盟（ICA）：International Co-operative Allianceの略
　　称。1895年に設立された協同組合の国際組織である。ベルギー・
　　ブリュッセルに本部を置く。世界各国の農業、消費者、信用、保
　　険、保健、漁業、林業、労働者、旅行、住宅、エネルギーなど、

あらゆる分野の協同組合の全国組織が加盟している。傘下の組合員は世界全体で約10億人にのぼっている。

協同（co-operation）：「協同」という語は幅広い意味を持つが、基本は「協」が力の集合を表し、「co-operation」が作業（operation）の集合を表すことから、個人や集団がある目的を達成するために力を合わせる過程や関係のことを指している。協力、協業、協働などと言い換えることもできる。相互扶助や共同という語にも近い。ちなみに協同組合はco-operativeと表される。

アイデンティティ（identity）：辞書を引くと「同一性」「独自性」と記されているが、日本語として適当な訳語がなく、通常そのまま「アイデンティティ」と記される。あえて日本語にすれば「自己認識」が適当と思われる。もっとわかりやすくいえば、「おのれは何者ぞ」といった意味になる。個人のみならず集団・組織を含めて、自己と他者との違いをどう認識するかにかかわる表現である。

◎さらに勉強するための本――――――――

日本協同組合学会『21世紀の協同組合原則』日本経済評論社、2000年。

石田正昭『JAの歴史と私たちの役割』家の光協会、2014年。

日本農業新聞『JAファクトブック2015』JA全中（全国農業協同組合中央会）、2015年。

ギモンをガクモンに

No.3

食べ物はどうやって食卓に運ばれてくるの？ どうして今の仕組みになったの？

　農山村においては、いまでも物々交換はそう珍しいものではありません。畑で採れたダイコンを持って養鶏場へ行き、鶏が産んだタマゴと交換するといった取引が実際におこなわれています。この場合、双方が生産者であり消費者でもあります。そして、生産者と消費者の取引は直接的であり、第三者は間に入っていません。

　しかし、通常は、食べ物の生産者と消費者の間には流通業者や加工業者などが介在しています。もし、私たちが同じような食べ物を同じように消費するのなら話は簡単なのかもしれませんが、ある者は肉を好み、ある者は魚をよく食べる、ある者は自分で調理するが、ある者は「でき合い」の総菜や弁当を食べる、ということになると、生産者と消費者をつなぐ経路は複雑になり、流通業者、加工業者は多様化し、数も増えることになります。食べ物の生産・流通システムを理解するためには、生産者、流通業者、加工業者、消費者の「つながり」や「相互関係」を意識する必要があります。そして、そういう目線で考えると、世間を騒がす「食品偽装問題」が発生することの一因は、実は消費者にあるのかもしれないのです。

第3章

食料消費の変化とフードシステム

キーワード

フードシステム／食の外部化／女性の社会進出／
流通革命／食と農の安全・安心

1 はじめに

　普段食べているものについて、それをどこで誰がどのように作って運んでいるのかを考えたことがあるだろうか？　そのようなことを考えなくても、いま、われわれはおおむね「好きなときに好きなものを好きなように食べることができる」〔高橋正郎（編著）『食料経済——フードシステムからみた食料問題（第3版）』理工学社、2005年（初版は1991年、最新版は第4版）、2頁〕といってよいだろう。しかし、いったん食品汚染事故や偽装表示問題などが

明るみに出ると、食べものの背後に複雑な生産・流通システム
が横たわっていることに突然気づいて戸惑うことも少なくない。
この食品の生産・流通・消費という一連の流れを総称したシス
テムのことを、フードシステムと呼ぶ。われわれの豊かな食卓
はさまざまな社会経済的関係のもとに成り立っているが、その
ことに無自覚であることは、フードシステムがはらんでいるい
ろいろな問題にもまた無自覚であることを意味している。

　しかし一方で、ある食品の背後にこうしたシステムが存在す
るのは、それが合理的だからだという側面も無視できない。過
去には合理的であったシステムが、現在では一部機能不全に陥
っているというようなケースもないわけではないが、フードシ
ステムはこれまで食べる側のライフスタイルの変化に、あると
きは対応し、あるときはそうした変化を主導するなどしながら、
食べ物を供給する側のさまざまな技術革新によってシステム自
体の姿を変化させてきたのである。

　以下ではまず、フードシステムとは何なのか、なぜシステム
として考えることが重要なのかを簡単におさえることから話を
始めよう。

2　フードシステムとは何か

　フードシステムとは、食品の生産・流通・消費という一連の
流れを総称したシステムのことであると先に述べた。この流れ
は川に例えられ、生産段階を川上、食品加工・製造段階を川中、
流通段階から先を川下と呼ぶこともある。食品は川上から川下

● 第3章　食料消費の変化とフードシステム

へと一方向的に流れるが、この流れをシステムとしてとらえた場合には、末端の消費者の側の変化が川上に向かってどのように影響を及ぼすかなど、各段階における相互作用を考える必要がある。ある部分だけみた場合には最適であるようにみえても、システム全体でみた場合には問題があるというようなケースでは、このフードシステムというとらえ方はとりわけ重要となる。例えば、安さや鮮度を極限まで追い求めるという食品流通業のあり方は、それだけみれば消費者に多大な恩恵をもたらすことが期待される。しかし、それによって消費者の熱烈な支持を受けた流通業には仕入れ上のある種のパワーが生じ、それがもし濫用されたならば、川中・川上段階に無理が生じて結局のところ消費者の利益を損なうことにつながるかもしれない。複雑化した現代のフードシステムにおいては、システムとして考えることの重要性はいっそう増しているといえるだろう。

　フードシステムとして考えるということは、フードシステムを構成するそれぞれの主体とそれらの間の相互関係について理解することが前提となる。その手がかりとして、この節の残りの部分では、フードシステムの構成主体について、その経済的規模を概観する。

　フードシステムという概念には、第一次産業（農林水産業）・第二次産業（食品製造業）・第三次産業（食品流通業、外食業）のすべてが含まれている。農林水産省「平成24年度農業・食料関連産業の経済計算」（表1）によると、日本のフードシステムの経済規模は、国内生産額の合計でみると95.2兆円で、同じ年の国内の全経済活動の生産額合計911兆円と比較すると、10.5%に相当

表1　日本のフードシステムの経済規模（2012年度）

	国内生産額	国内総生産
農林水産業	11,349.2	5,169.1
食品工業	34,079.5	11,724.8
関連流通業	24,257.2	16,014.5
飲食店	20,545.7	8,391.3
その他	4,998.1	1,471.8
（農業・食料関連産業計）	95,229.7	42,771.5
経済全体	911,013.3	474,474.9

資料）農林水産省「平成24年度農業・食料関連産業の経済計算」。
注）単位は10億円。

する。その内訳は大きい順に食品工業34.1兆円（35.8％）、関連流通業24.3兆円（25.5％）、飲食店20.5兆円（21.6％）、農林漁業11.3兆円（11.9％）となっている。ここから中間投入（生産のために投入された財・サービスの費用）を差し引いたものが、日本のフードシステムが1年間に算出した付加価値の合計額であり、その額は42.8兆円である。これは、同じ年のGDP（国内総生産）474兆円と比較すると、9％に相当する。その内訳は、関連流通業16兆円（37.4％）、食品工業11.7兆円（27.4％）、飲食店8.4兆円（19.6％）、農林漁業5.2兆円（12.1％）となり、生産額合計でみた場合と比較して食品工業と関連流通業の地位が逆転している。いずれの数値でみた場合でも、フードシステムの中で第一次産業の占める経済的地位は12％程度にとどまり、川中以降の第二次・第三次産業の経済規模が大きいことがわかる。

● 第３章　食料消費の変化とフードシステム

3 | 家族の変化と食料消費の変化

　ここで、上記のような現在のフードシステムの姿をもたらした重要な要因の一つである、家族と食料消費の変化に話を移そう。

　本シリーズ「食と農の教室」第１巻『知っておきたい食・農・環境——はじめの一歩』第３章において、日本の食の高級化・洋風化は過去半世紀余りの間に劇的に進んだが、1990年代にはそれも一段落したことを紹介した。他方で、この間一貫して進行している食の変化がある。それが食の多様化と簡便化・外部化である。

　食の多様化とは、具体的には産地や食品メーカーなどによる品種・商品の差別化や、円高や貿易自由化によって進んだ多様な食材の輸入を例として挙げることができるが、次に述べる食の簡便化・外部化もまた食の多様化の一つと考えることができるかもしれない。その食の簡便化・外部化とは、ひとことでいえば食事において家庭内での調理のウエイトが低下することをいう。具体的には、カット済み野菜など手間のかからない食材の利用から、冷凍食品やレトルト食品などの加工食品の利用や、果ては食事のすべてを外部化する外食の利用まで含まれる。ほかにも、コンビニエンスストアで販売されるおにぎりや弁当のように、家庭内調理（内食）でも外食でもない、いわゆる中食（なかしょく）の利用など、食の外部化にはさまざまな形態が考えられる。

このうち、食料費支出に占める外食と中食の比率を、食の外部化率と呼ぶ。外部化率に関する調査・統計は複数あるが、総務省「家計調査」によれば、約半世紀前には約10％程度であった外部化率は、2014年には約30％にまで上昇している。

　この食の簡便化・外部化と対応づけられる家族の変化としてよく指摘されるのが、「世帯員数の減少」と「女性の社会進出」である。

◆ 世帯員数の減少

　およそ半世紀前、日本の家族の平均世帯員数は3.75人（1965年）であった。少子高齢化が叫ばれて久しい現在では、その数字は2.49人（2014年）まで減少している（厚生労働省「国民生活基礎調査」）。一般的に、一人分の料理を作るよりは、大勢で食べる分を一気に調理したほうが、一人当たりでみた場合の費用や手間は小さくなると考えられる。家族世帯員数の減少が意味するところはこの逆であり、家族一人当たりの調理コストが上昇することとも言いかえられる。

　さらに、家族がみな同じものを食べているとは限らないことにも注意が必要である。「個食」あるいは「孤食」という言葉を聞いたことがあるだろうか。「個食」とは、例えば両親の夕食のおかずが焼き魚なのに子どものおかずはハンバーグ、というように、家族がそれぞれ違うものを食事としてとることをいう。一方の「孤食」とは、例えば帰宅時間がバラバラの家族がそれぞれのタイミングで一人で食事をとることをいう。作り置きしておいた常備菜などを家族それぞれが帰宅後に取り分けて食べ

● 第3章　食料消費の変化とフードシステム

るというケースもあるだろうが、めいめいが外食やコンビニエンスストアなどで済ませるなどして、「孤食」かつ「個食」となっている家族もあるかもしれない。さらにいえば、一言で家族といっても、複数の人間で同居しているという生活スタイルは決して当たり前のものではない。大学進学や就職を期に一人暮らしを始めたり、近年増加している単身高齢者世帯などの場合には、必然的に「個食」かつ「孤食」という状況が多くなるだろう。これらもまた、一人当たりの調理コストが上昇することを意味している。

◆ 女性の社会進出

　次に、女性の社会進出についてみてみよう。1997年に共働き世帯の数が片働き世帯（夫が雇用者で、その妻が非就業者である世帯）の数を上回って以降、共働き世帯は増加を続け、その差は拡大し続けている。生産年齢人口（15～64歳）中の女性の就業率は、およそ40年前の48.8％から2014年には63.7％にまで上昇している（総務省「労働力調査」）。これはすなわち、女性がこれまで調理を含む家事労働にあてていた時間を、働いて報酬を得ることに使うようになったことを意味している。

　例えば食材を300円分購入して、1時間かけて調理することを考えてみよう。もしその1時間を外で働くことにしたならば、時給800円を得られたとする。外で働いて1,000円のランチを購入するのと、家で調理したごはんを食べるのと、いったいどちらが得だと考えるだろうか（図1）。もちろん、外食には外食の、自分で作ったごはんには自分で作ったごはんの良さがあり、一

図1　内食と外食：どちらが経済的？

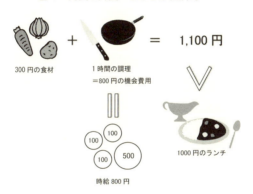

〔図1、図2の画像素材の出典は、ILLUST BOX（一部改変）〕

図2　調理の機会費用を考えれば、外食のほうがお得

概にどちらが得とはいえないが、ここではそれは無視することにしよう。1,000円のランチよりも300円で作れるごはんのほうが経済的だろうか。あるいは、800円外で稼いでも1,000円のランチに使ってしまうのでは働かないほうがましだろうか。

　こうした考え方は、調理にかけた1時間の価値を無視してい

● 第3章　食料消費の変化とフードシステム

る。この場合、家で調理することは外で800円稼ぐ機会を犠牲にしているのであり、その分を加味すれば家で作るごはんのコストは300＋800＝1,100円となる。これはランチ代1,000円よりも高くつく（図2）。

調理に時間をかけることには、「そうしなければ他で得られたはずの金額」分の費用がかかる。この考え方を、経済学では機会費用と呼ぶ。女性の社会進出は、調理の機会費用を上昇させたと考えることもできる。これもまた、家庭での調理コストの上昇と言いかえることができよう。

家庭での調理にかかわる家事労働コストが上昇するなかでも、冷蔵庫や電子レンジなどの家電製品の普及によって、家事労働を一部置きかえつつ家庭内調理がおこなわれているというのが一般的な日本の家族の姿であろう。食器洗い機など、今後さらに家事労働負担を軽減させる家電製品が普及することもあるかもしれない。一方で、食の簡便化・外部化という言葉が表すように、加工度が高く調理の手間が少ない食品の利用もまた着実に広がっている。日本のフードシステムにおいて川中以降の第二次・第三次産業の経済規模が大きいことを述べたが、それはそこで多様な形での食の外部化が提供されてきたことと、われわれの多くがそれを利用することでそれらの市場が成長したこととを意味しているのである。

4 　フードシステムの変化と流通革命

家庭での調理にかかわる家事労働は、家庭内でだけ発生する

ものではない。その一例として、食材の買出しを挙げることができるだろう。

　食料品の購買先としてもっとも多く使われているのは、スーパーマーケットである。筆者（1974年生まれ）以降の世代であれば、それはあまりに当たり前すぎて、ことさら述べるまでもないことのように思えるかもしれない。しかし、半世紀ほどさかのぼれば、まだ日本にはスーパーはほとんど存在していなかったのである。

◆ スーパー主導の流通——流通革命

　スーパーが登場する以前は、食品は八百屋や肉屋、魚屋など、それぞれ専門の一般小売店で購買されていた。表2からは、食品の購買先としてスーパーがそれらの一般小売店を逆転してから、まだ30年程度しかたっていないことがわかる。しかし、この30年程度の間に、食品の購買先としてのスーパーのシェアは6割を超えるまでになった一方で、一般小売店のシェアはその4分の1にも満たなくなってしまった。

　スーパーでは、客が青果物などの食材を思い思いに手に取ってかごに入れ、レジに持っていって精算し、精算の終わった品物を自分で袋詰めして持ち帰る。いまでは一見当たり前にみえるこの一連の動作はセルフサービス方式と呼ばれるが、これが実はフードシステムを大きく変化させる大発明だったといえるかもしれない。

　それまで主流だったいわゆる一般小売店は一軒一軒対面販売であり、食材ごとに買い回らなければならないため、消費者に

● 第3章　食料消費の変化とフードシステム

表2　食料品の購買先別の支出額比率
(単位％、全国の2人以上世帯)

	1964	1974	1984	1994	2004	2009
一般小売店	79.2	63.4	44.3	27.8	16.0	14.0
スーパー	9.3	26.6	42.0	47.2	56.6	60.5
コンビニエンスストア	－	－	－	1.8	2.8	2.9
百貨店	2.7	2.5	3.4	4.3	4.8	4.4
生協・購買	1.7	2.9	6.1	9.0	9.6	7.8
ディスカウントストア	－	－	－	2.1	3.8	4.3
通信販売	－	－	－	0.4	1.5	1.5
その他	7.1	4.5	4.2	7.5	4.8	4.6

資料）総務省「全国消費実態調査」。
注）「－」は調査されていないことを示す。

とって買い物の手間は大きかったものと考えられる。これに対してスーパーでは、すべての食材が一か所で手に入り、加えてその都度店の人と対話しながら商品を見定めるといった手間も必要ない。このセルフサービス方式が成立するためには、店の人が客ごとに商品を目利きする必要がないように、生鮮品を含めて食品の規格化・標準化が進む必要があった。食品の規格化・標準化が進めば、店頭で目利きや商品説明をする専門家は必ずしも必要なく、パート従業員によって大量の食品を販売することが可能になる。そうして業務自体の標準化が進めば、店舗数を増やしてチェーン展開することも可能になる。チェーン展開するスーパーの仕入れ数量は、一般小売店とは比較にならないほど大きなものとなり、卸売流通でもスーパーが主導権を握るようになったのである。

「そうは問屋が卸さない」という言葉が示すように、生産側（農業、食品製造業）と小売側（一般小売店）の双方が零細多数であった頃は、その両者を結びつける卸・問屋に川上・川下の情報

が集中し、食品流通に大きな影響力を及ぼしていた。一方スーパーでは、すべての食品がレジを通ることになり、そこに膨大な販売情報が蓄積されることになる。近年では多くのスーパーでポイントカードなどによって顧客情報も収集・利用されており、情報の面でもスーパーをはじめとする量販店の優位が確立されているといってよい。

　スーパーに代表される小売チェーンが持つ仕入れ数量と情報という二つの優位性は、卸売流通段階を飛び越えて、小売ブランドの商品、すなわちプライベート・ブランド（PB）商品の開発など、フードシステムのより上流にまで小売の主導権を及ぼす源泉となっている。いまでこそ当たり前のものとなったこの小売流通業主導のフードシステムの出現は、まさに流通革命の名にふさわしいものであったといえよう。

◆ 流通革命の功罪

　流通革命は、われわれの買い物を便利にしただけでなく、大量仕入れにもとづく価格交渉力の向上や配送の効率化によってより安くて新鮮な食材を食卓に提供するなど、われわれの食生活の質的向上にも寄与したものと評価できる。一方で、本章冒頭でも触れたところであるが、消費者のために安さと鮮度を極限まで追求する食品小売流通業の行動は、決して何の弊害ももたらさなかったわけではない。

　一例として、「3分の1ルール」という商慣習を挙げることができる。これは、加工食品について、製造日から賞味期限までの期間を3等分してそれぞれを食品メーカーの在庫可能期間、

● 第３章　食料消費の変化とフードシステム

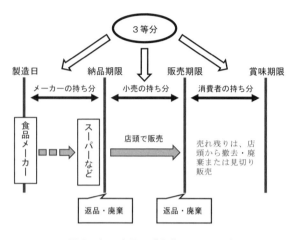

図３　加工食品の「３分の１ルール」

小売流通業の販売可能期間、消費者の保管可能期間として割り当てるという考え方で、消費者により新鮮な商品を提供したいという小売側の要請に応じた商慣習と考えられる（図３）。具体的には賞味期限が６か月の商品の場合、製造日から２か月を過ぎれば食品メーカーの在庫可能期間が尽き、小売流通業と消費者にそれぞれの持ち分である期間を保証できないため小売店に納入することができず（納品期限）、さらに製造日から４か月が過ぎれば今度は小売流通業の販売可能期間が尽き、消費者に２ヵ月の保管可能期間を保証できないため販売できないことになる（販売期限）。納入期限や販売期限を過ぎてしまった商品は、最悪の場合廃棄されてしまうことになる。（財）流通経済研究所による推計では、2010年度１年間で約1,500億円の返品・廃棄がこのルールのために生じており、食品ロス発生の一因になってい

るとされる。まだ十分に食べられる食品を廃棄するとすればもったいないが、そのことが期限表示を偽装する誘因になりかねないとすれば、問題はさらに深刻である。偽装に手を染めた業者が責めを負うことは当然であるが、そうした誘因をはらんだフードシステムを無批判に賞賛することもできないだろう。ここで節を改めて、表示偽装問題の背景にある食品の商品特性について、そのフードシステム的な含意も交えて考えてみたい。

5　食品スキャンダルとフードシステム

　産地や期限などの表示偽装に代表される食品スキャンダルは、近年に至るまで繰り返し明るみに出ている。生肉の取り扱いの不備による食中毒のように、人命にまでかかわるものもなかにはあるが、表示偽装の場合その食品を普通に食べただけでは健康には影響しない。つまり、食品安全上の問題はない場合が多い。

　それでも、食品スキャンダルは食品を取り扱う事業者への信頼を揺るがす由々しき事態である。食品を安心して食べられるということは、とりもなおさずその食品を、そしてその食品を取り扱う様々な主体を、さらにはその食品をあなたの手もとまで運んできたフードシステムを、信頼することができるということを意味している。多くの食品は安価で購入頻度が高いことから、手間をかけて買い回ることはそれほどないと考えられる。多様化した食品を目の前にして、価格や見た目などといった少ない手がかりから短い時間で購買意思決定をおこなうことがで

● 第3章　食料消費の変化とフードシステム

きるのも、そうした信頼があったればこそなのである。

◆ 信用財的品質

　しかし、フードシステムにおいて信頼が重要であることのより本質的な理由は、たとえ手間暇をかけたとしても、消費者からは見分けることのできない食品の品質があるということにある。

　ここで、「おいしさ」を例にとって説明してみよう。食品にとって味は主要な品質属性である。個人差があるとはいえ、その人にとって「おいしい」と思える食品かどうかは、食べることによって見分けることができるだろう。こうした品質は、経験すれば見分けがつくという意味で、経験財的品質と呼ばれる。ところが、食品にとって味は唯一の「おいしさ」ではない。見た目のみずみずしさや美しさ、形など、われわれは視覚からも「おいしさ」を評価することができる。こうした品質は、買う前に見分けがつき、探し求めることが可能という意味で、探索財的品質と呼ばれる。そしてもう一つ、近年食品の「おいしさ」のなかでその重要度を増しているのが、情報による「おいしさ」である（図4）。

　その食品がどこでどのように生産されたのか、どんな人がその農産物を育てたのかなど、その食品に込められたこだわりやストーリーは、食品を差別化するうえで重要な要因の一つである。しかし、こうした情報の多くは、隣の商品と見比べても、さらには実際に食べてみたとしても、それが本当であるかどうかを見分けることが困難であるという特徴がある。こうした品

図4 食品の三つの「おいしさ」の概念図

質は、信用して買うしかないという意味で、信用財的品質と呼ばれる。

 商品を買う側からは見分けがつかない場合でも、それを売る側はその情報が本当かどうかを知っているだろう。この状況を売り手側が悪用すれば、偽装によって儲けることができるかもしれない。この「商品を買う側」とは、消費者だけとは限らない。食の外部化が進むということは、食品の加工度が上がり、一般的にはそれだけ分業が進んで取引が多段階になることを意味している。さらに、グローバル化・多様化の進む現代のフードシステムにおいて、食品が何段階もの売買を経由してわれわれの手もとに届けられることは決して珍しくない。われわれが思いもよらぬようなところで起こったミスや悪意によって食品の信用財的品質が偽装され、それによってフードシステム全体

● 第3章　食料消費の変化とフードシステム

の信頼が損なわれるといったケースもじゅうぶんに考えられるのである。

◆ 食品の安全性と信頼

　食品の産地や期限も、この信用財的品質にあてはまる。さらにいえば、食品の安全性もまた、その一部は信用財的品質であると考えることができる。見た目に明らかに腐敗していたり、食べてすぐに味がおかしいことに気づく場合もあるだろうが、安全を担保するためにどれだけの取り組みをしていたかといったことや、あるいは放射性物質汚染に関する検査結果などは、消費者が容易にその真偽を確認できるものではない。

　フードシステムにおいて食品の安全性に対する信頼が失われれば、逆に安全性を差別化の道具として市場での競争が生じるかもしれない。競争がフードシステムを進化させる原動力の一つであることは否定しないが、お金に困る人が安いけれども安全性に劣る食品を買わざるを得ないといった状況が生じることを、社会的に望ましいと考える人はいないだろう。「支払う意思や能力の有無を問わず、すべての人の健康に害を与えない食品が供給されなくてはならない（新山陽子『食品安全システムの実践理論』昭和堂、2004年、16頁）」のである。

　「食と農の安全・安心」というように、安全と安心をひとくくりにしたフレーズは、多くの人にとってなじみのあるものだろう。この両者は厳密に区別される必要があるが、一方でその密接な関係をとらえることは、よりよいフードシステムとは何かを考えるうえで欠くべからざる視点の一つなのである。

6 　むすび

　本章では、家族と食料消費の変化からフードシステムの変化を概観し、食と農の距離の拡大がいわゆる食と農の安全・安心とどう関係しているのかを論じた。

　食品の安全性を確保するためには、毒性評価や微生物・ウイルスについての知識などの、いわゆる理系のサイエンス（自然科学）を現場で応用することが必須である。しかしそれと同時に、安全な食品が供給されるようにフードシステムをマネジメントするためには、いわゆる文系のサイエンス（社会科学）の貢献も重要である。食品リスクが消費者にどのように知覚されるのか、社会的に許容できる食品安全の水準についてどのように合意を形成するのか、法律などによって定められた基準が守られるように促すためにはどのような監視体制が必要なのか、そうした規制のあり方がフードシステムにおける競争と協調にどのように影響しあうのか。これらの諸課題に応えるためには、心理学や経営学、経済学などのツールが欠かせない。

　これからフードシステムを学ぶ若者たちが、一人一人の立場から今後のフードシステムの発展に貢献することを願ってやまない。

◎用語解説─────────────────

内食・中食・外食：家庭内で調理し、そのまま家庭内で消費する食事のことを内食と呼ぶのに対し、家庭外のレストラン等で調理し、そのままその施設のサービスを利用して食事することを外食と

● 第3章　食料消費の変化とフードシステム

　呼ぶ。この中間にあたる中食とは、家庭外で調理したものを家
　庭で消費したり、あるいは家庭外ではあるが配膳等のサービス
　は受けずに食事する形態のことを指す。具体的には、スーパー
　やデパ地下の惣菜を家庭に持ち帰って食べたり、コンビニエン
　スストアで買ったおにぎりや弁当を外で食べたりすることが中
　食に相当する。

プライベート・ブランド（PB）：食品メーカーが、自社ブランドでは
　なくスーパー等大型の小売流通業のブランドで販売する商品のこ
　と。小売流通業が商品開発に参加すること、食品メーカーの広
　告費が不要となること、まとまった数量を小売流通業側が買い
　取る形で仕入れすること等が特徴である。これに対し、（とくに
　大型の）食品メーカー側のブランド商品のことを、ナショナル・
　ブランド（NB）と呼ぶ。

食品の安全性：その食品をふつうに食べた場合にその人の健康に悪影
　響を及ぼさない食品は、安全であるという。これは、あまりにも
　過剰に摂取した場合や、極度に体調に問題のある場合などにも
　リスクがないということを意味するものではない。つまり、安
　全な食品であっても、そのほとんどはゼロリスクではないとい
　うことに留意が必要である。

◎さらに勉強するための本────────

高橋正郎編著『食料経済　フードシステムからみた食料問題（第4版）』
　　オーム社、2010年。

時子山ひろみ『安全で良質な食生活を手に入れる　フードシステム入
　　門（放送大学叢書18）』左右社、2012年。

新山陽子編著『食品安全システムの実践理論』昭和堂、2004年。

ギモンをガクモンに

No.4

技術進歩って、いいことづくしなのだろうか?

　日本の農業は、第二次大戦後に飛躍的に生産力が高まりました。それを支えた技術に、生産過程の機械化と肥料、農薬の化学化があります。これらの技術は、農業生産の在り方を一変させました。それまで農耕に利用していた牛馬が姿を消しました。多くの労働をつぎ込んで自給していた肥料などの生産資材は、外部から購入するようになりました。「多労・多肥」といわれた農業が「省力・多肥・多農薬」になりました。

　こうした技術は生産力を高める一方で、資源の消費や環境の汚染という新たな問題を誘発しました。農薬や肥料の多用は、健康被害や生態系の破壊、環境の悪化を招きます。さらに、戦後の生産力向上を支えた技術の多くは、化石資源に依存したエネルギー消費型のものです。また、農産物の生産と消費が離れることによって、それまで農場とその周辺で形成されていた資源循環が断ち切られました。

　農業が持続可能性をもつために、化学資材や機械の利用を適正にコントロールすることと、資源循環を再構築することが求められています。

第4章

農業の展開と環境・資源問題

キーワード

農業生産力／M技術／BC技術／集約的農業／
資源循環

1 はじめに

　農業は技術進歩によって生産力を伸ばし、増加する人口を養ってきた。日本では第二次大戦後の食料不足を解決すべく農業生産力の増強が図られ、高度成長期を通じて飛躍的に農業生産力が増大している。しかし、その発展は同時に環境問題、資源問題を顕在化させた。環境の世紀といわれる21世紀に入った今、20世紀にできあがった大量生産・大量廃棄というスタイルを見直し、循環型社会の形成への努力がなされている。そのなかで

農業はどのように展開していくのであろうか。ここでは日本農業の基幹部門である水稲作を対象に、ミクロレベルの技術に注目しながら、これからの農業の在り方を展望することにしたい。

2 │ 農業生産力の高まりと技術の進歩

◆ 農業生産力の飛躍的な増大

　人類が生存するうえで欠かせない食料を供給する農業の発展は、農業生産力という概念で捉えられる。その農業生産力は、もともとは労働力1人でどれだけの農産物を産出できるかという力能の概念であるが、現在では投下労働量当たりの生産量として次のように表されることが多い。

　　　農業生産力＝生産量／労働投下量

　土地利用型農業の場合、右辺は、（作付面積×単位面積当たり収量）／投下労働量で表せられることから、上の式は以下のように展開できる。

　　　農業生産力＝作付面積／投下労働量×単位面積当たり収量　…①

　　　　　　　＝1／単位面積当たり労働投下量
　　　　　　　　　　　×　単位面積当たり収量…②

　ここで投下労働量を時間でみると、①式の右辺の第1項は時間当たりの投下労働でどれだけの面積を処理できるかという作

● 第４章　農業の展開と環境・資源問題

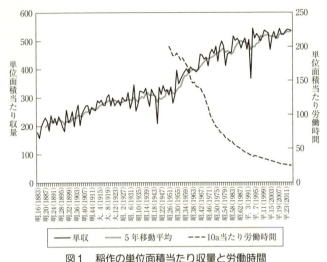

図1　稲作の単位面積当たり収量と労働時間
資料）農林水産省『作物統計』、同『米及び麦類の生産費』
注）平成7年産からは間接労働時間が含まれている。

業処理能力を示す項である。これは、②式の第1項のように単位面積当たり投下労働時間の逆数として表すことができる。そして第2項の単位面積当たり収量（単収）は、作物の潜在的能力をどれだけ引き出すかという単収発揮能力といえる。つまり、農業生産力は作業処理能力と単収発揮能力の二つの要素に分解でき、単位面積当たりの投下労働量が少ないほど、単収が高いほど農業生産力は高くなる。

　日本の稲作について、生産力の構成要素である単位面積当たりの収量と投下労働時間の推移をみたグラフが、図1である。

　水稲の単収は、明治期後半は10アール当たり200キログラムから250キログラムの水準であったが、現代は500キログラムを超えており、1世紀の間で2倍以上の伸びをみせている。投下労働力については、統計数

値がとれる1951年から10$_{a}^{r}$当たりの労働時間をみると、急激に減少していることがわかる。1951年に200時間であった単位面積当たりの労働時間が、2014年には8分の1程の25時間に減少している。つまり、少ない労働力で多くの産物である米を得ることができるようになったのである。1951年から2014年で農業生産力の伸びをみると、単位面積当たり労働時間が8分の1、単収が1.7倍であることから、この指標で農業生産力の伸びを表現すれば、13.6倍に増大したことになる。

◆ 農業生産力を高めた技術

こうした農業生産力の飛躍的な伸長は、技術の進歩によってもたらされた。農業生産に関わる技術は、一般的にM技術とBC技術に大別される。M技術のMは、Mechanical Technologyの M であり、具体的には農業機械・施設に関わる技術を指す。BC技術のBとCは、Biological-Chemical TechnologyのBとCであり、品種改良、肥料や農薬などの植物の生育過程や家畜の成長過程に関わる技術を指す。これらの技術が稲作にどのように導入されてきたのかを簡単にみておきたい。

M技術

第二次大戦後、とりわけ高度成長期における農業機械の発展は目覚ましく、牛馬など役畜に代わって動力機械が導入され、人間の手仕事も作業機械によって代替され、省力化が進んだ。

稲作の機械化について大まかにみると、まず耕起作業や運搬に用いられていた牛馬（写真1）が耕運機、トラクターに代わっ

● 第4章　農業の展開と環境・資源問題

写真1　牛を使った代掻き（しろかき）の様子（昭和 30 年頃）
（田上郷土資料館・東郷征史氏提供）

た。収穫作業は、人間が鎌で手刈りをしていたが、1950年代後半から刈取りと結束をおこなうバインダーが開発されて普及し、1960年代後半からは稲刈りから脱穀までをおこなうコンバインが普及するようになった。田植えは腰をかがめながらの過酷な作業であり、機械化が困難であったが、1968年に動力田植機が開発され1970年代から急速に普及が進んだ。田植機の導入により、稲作の機械化一貫体系が出来上がり、機械化農業の姿が現実のものとなった。このように1950年代後半から1970年代にかけて農業機械化が急速に進展し、「機械化の波」と表された。

　図2は、1956年と2013年について稲作の10アール当たりの労働時間を作業ごとにみたものである。2013年の労働時間は1956年当時の労働時間に対して、耕起整地15％、田植え12％、刈取り脱穀6％の水準にまでそれぞれ大幅に減少している。こうした労

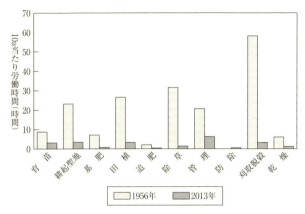

図2　稲作の作業別労働時間（10a当たり）
資料）農林水産省『米及び麦類の生産費』

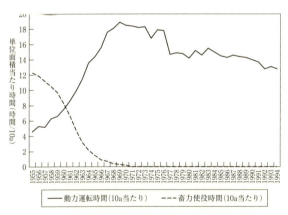

図3　畜力使役時間と動力運転時間の推移
資料）農林水産省『米及び麦類の生産費』
注）畜力使役時間は、1982年以降調査されていない。

働時間の短縮は、上記の機械化なくしては実現し得ない。

　農業の機械化は、普及段階では役畜の使役時間や人間の労働時間に代替しながら機械の利用時間が増えていくが、さらに進

● 第4章　農業の展開と環境・資源問題

むと機械の高性能化とともに機械利用時間自体が短縮されてくる。図3に示されるように、畜力への依存が大きく、機械化が初期段階だった1955年から1970年頃にかけては畜力使役時間が急減し、動力時間が急増している。まさに役畜に代わって機械が普及していく過程といえる。その後、動力運転時間が減少していくのは、機械の性能が向上したことによる。機械化体系が確立した1970年降は、機械化が普及から高性能化の局面に入ったといえる。

BC技術

・品種改良

品種改良は稲自体の潜在能力を高める技術開発とみることができる。多収性の追求、そのための耐倒伏性、耐病性を求めて新品種が開発され、耐冷性を備えた品種の開発は稲作の北限を北上させた。人工交配による本格的な品種改良が始まったのは明治後期からであり、昭和期以降は700を超える品種が開発されている。とくに1950以降は、化学肥料が豊富に供給されるようになり、多肥多収の品種が普及した。その後、米の過剰が深刻化するとともに、米の市場流通が自由化されると産地間競争が激しくなり、新品種の開発は多収よりも良食味を目標とするものになっていった。こうした近年の質的変化は、農業生産力の物的な指標では、捉えられないので注意を要する。

・化学肥料

品種改良とともに多収を支える柱となったのが化学肥料である。とくに終戦後肥料工業が復興した1950年以降は、化学肥料

の供給が増えていった。また、製造技術の進歩により低価格での提供が可能となった。こうした供給側の条件が整うと同時に、需要側にも化学肥料を求める要因が強く働いた。すでに述べたように役畜が農業機械に代替されることによって農耕用の家畜がいなくなり、肥料の供給源を失ったのである。それだけでなく、化学肥料は速効性があって成分が一定のため肥培管理が容易になること、また堆きゅう肥に比べて軽量で施肥作業が容易になることなど使い勝手の良さも化学肥料の普及の要因となった。そして何より大きく働いた要因は、堆きゅう肥づくりの労働が不要になることである。とくに高度成長期に賃金が上昇するなかでは、それまで堆きゅう肥づくりに費やされていた労働力が農外就業へと向けられるようになったのであった。

・化学農薬

化学農薬の開発・普及も農業生産力を大きく伸ばす柱となった。稲作の代表的な害虫であるウンカについて防除技術を振り返ると、第二次大戦前までは、江戸時代から続いた水田への注油による防除がある程度であった。江戸時代から鯨油、菜種油など動植物油を水張りした水田に流し入れて水面の油膜で虫を捉える方法が採用されており、それが明治以降は石油系の油に代わったのである。第二次大戦後は、防除を目的とした化学農薬が開発されるようになった。

こうした化学農薬の開発・普及は、病虫害の被害を減少させ、収量の向上に寄与した。図4は、稲の要因別被害面積割合の推移をみたものである。1970年代半ばまでは、被害面積の約7割が病虫害によるものであったが、2000年代に入ってからは5割

● 第4章　農業の展開と環境・資源問題

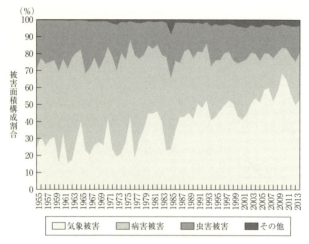

図4　稲作における原因別被害面積の構成割合
資料）農林水産省『作物統計』

を切るようになっている。このように化学農薬の利用は、耐病性などの品種改良ともあいまって病虫害の被害を抑制して農業生産力を高めることに貢献したのである。

　さらに農薬の利用は、省力化にも大きく寄与した。とりわけ除草剤の開発・普及は、除草労働を大幅に軽減した。稲作は雑草との闘いともいわれ、炎天下や雨天の除草作業（写真2）は苦役とされたが、1950年代に除草剤の普及が始まり、図2でみられるように除草労働は大幅に減少している。1960年の10アール当たりの労働時間をみると、除草には田植以上の労働時間が費やされていたが、2013年では1960年時点の約4％と除草に投下される労働時間は大幅に少なくなっている。これは除草剤の利用によってもたらされたといってよく、BC技術が省力化に寄与する典型的な例といえる。

写真2　除草作業（昭和30年頃）
（田上郷土資料館・東郷征史氏提供）

3　農業生産の性格変化

　以上のような技術の進歩によって農業生産力が飛躍的に伸びるなかで、農業経営の構造はどのように変わったのであろうか。M技術、BC技術によって農業の省力化が顕著に進み「ワンマンファーム」化する一方で、規模拡大は遅々として進まず農業労働力は農外へと流れた。「三ちゃん農業」という言葉が使われたように、農業生産を支える労働力基盤はぜい弱化した。ここでは、労働力の問題は指摘するにとどめ、経営的側面、技術的側面から稲作の性格変化を捉えることにする。

● 第4章　農業の展開と環境・資源問題

◆ 自給的性格から市場依存的性格へ

　稲作がどうかわったのかを経営の観点から捉えるために、米の生産費に着目したい。表1は、1960年と2013年の水稲の10アール当たり生産費の費目構成割合を示したものである。

　1960年と2013年を比較して費目別構成割合の変化をみると、1960年に6％あった畜力費の費目がなくなり、代わって農機具費の割合が大きくなっている。さらに機械.施設を稼働させるための光熱動力費が費目として加わるようになっている。また、農薬の使用が増え、農業薬剤費の割合が大きくなっている。肥料費は構成割合が小さくなっているが、その内容に大きな変化がみられる。1960年には購入肥料が6割、自給肥料が4割程という構成であったが、2013年では自給肥料がほとんどなくなり、ほぼ購入肥料に依存する状態になっている。労働費については1960年では生産費の半分を占めいていたが、2013年には3割ほどの割合にウエイトが縮小している。労働力の内訳では、雇用労働への依存度が低下し、家族労働中心の性格を強めている。

　その結果、費用のうち6割近い割合を占めていた自給部分が減って、購入部分が増えることになった。かつては生産に必要な物財の多くが自給的性格を有していたが、技術の進歩によって経営内部で自家調達できない機械、燃料、化学肥料、農薬等の投入要素を外部から調達するようになり、経営外部への依存度を高めてきたのである。労働については、省力化によって経営外部の労働力に頼る部分が少なくなったと同時に家族労働の投下も少なくなったのである。このように、生産要素の自給調

達から市場購入へという変化を生産費の構成割合の変化からうかがい知ることができる。

　また、販売においても自給的な意味合いが薄れ、商品化率が高まっている。農林省統計表によれば、1950年代前半における水稲の商品化率は44%から51%の水準であった。つまり、生産された水稲のうち販売されたものは半分あるいはそれ以下であったのである。現在では約90％の商品化率となっており、販売目的の生産になったといえる。

　このように、農業は生産力の発展に伴

表1　米生産費における費目構成割合

単位：％

		1960年	2013年
種苗費	計	1.4	3.2
	購入	0.3	3.2
	自給	1.2	0.0
肥料費	計	18.6	8.3
	購入	11.6	8.2
	自給	6.9	0.0
諸材料費	計	3.3	1.6
	購入	2.3	1.6
	自給	1.0	0.0
土地改良・水利費		3.0	3.9
防除費・農業薬剤費		2.7	6.6
光熱動力費		…	4.2
建物費	計	3.1	4.2
	償却	2.6	3.1
	修繕	0.5	1.1
農機具費	計	9.1	20.6
	償却	8.1	14.8
	修繕・購入補充	1.1	5.8
畜力費	計	6.2	…
	購入	0.2	…
	自給	6.0	…
生産管理費		…	0.4
労働費	計	50.0	31.2
	雇用	6.3	1.9
	家族	43.7	29.3
賃料料金		2.6	10.5
公課諸負担		…	2.1
費用合計	計	100.0	100.0
	購入	30.2	51.1
	自給	59.1	29.4
	償却	10.7	19.4

資料）農林水産省『米及び麦類の生産費』
　注）数字は費用合計を100としたときの百分率を表す。

● 第4章　農業の展開と環境・資源問題

って、自給的な性格が薄れ、販売目的の生産の性格が強まり、販売によって得られた貨幣で生産資材を購入するという資金循環をもとにした再生産構造が形成されてきたのである。

◆ 農業の工業化

　以上みてきたように、著しい農業生産力の増大は、M技術、BC技術といった技術進歩によって可能となった。機械化や施設化、化学肥料や化学農薬の利用は、重化学工業の発展とともに進展したのであり、農業生産における機械の普及、化学的産物の利用の増大を指して「農業の工業化」と呼ばれた。

　「工業化」の意味は、機械や化学肥料、化学農薬の使用を指すだけにとどまらない。工業は、原料を購入して製品を製造して販売する産業である。そこにおける物質のフローは、経営外部から入ってきた資材が経営内部で製品に変換されて経営外部に出ていくという流れになっている。農業生産が工業化するということは、前節でみたように経営外部から資材を購入するようになり、農産物を外部に販売する性格が強まったことを意味する。生産への資材投入においても生産物の仕向けにおいても自給部分の割合が縮小して、内部循環が減少したということになる。

　さらに農業が工業と異なる点として留意すべきは、生物生産であって土地を基幹要素としていることである。工業では土地は工場用地としての空間的意味をもつに過ぎないが、農業における土地は、耕作という人間の働きかけ対象（労働対象）であり、土壌を介して作物を生育させる容器的役割を果たすものとして

みれば生産手段（労働手段）でもある。そこでは地力が決定的な役割を果たす。そのため、輪作など土地利用を考え、作物が生育する環境を整える目的で圃場を耕起し、施肥をするのである。従って、自給肥料が減って化学肥料の購入が増えることは、農業の根幹である地力を維持する様態が変化したといえる。

◆ 地力維持にみる変容

　この点について、大きく内容が変わった肥料について掘り下げてみることにしたい。

　表2は、10アール当たりの肥料投入を原単位量で示したものである。投入資材の種類も肥料成分の含有量も違うので、重量を単純に合計して多寡を議論することはできないが、1960年と2013年を比較すると内容が大きく変化していることが確認できる。1960年では多くの自給肥料が使われていたが、2013年では自給部分は極めて少なく化成肥料への依存が極めて高い状態になったことがみてとれる。1960年では、堆肥・きゅう肥、そしてれんげに代表される緑肥が、自給肥料の中心といえた。堆肥きゅう肥は、同年の米生産費調査によると、1戸平均10,174キログラムの堆肥・きゅう肥を18,254円の費用をかけて生産していた。この年の10アール当たりの購入肥料費が2,050円であるから、これは89アール分の購入肥料費に相当する。緑肥については、1戸平均2,672円の費用に相当しており、10アール当たりの購入肥料費の1.3倍に相当する。さらに、人糞尿も使用されており、自給のみならず購入もあった。購入肥料については、1960年では化学肥料だけではなく、かす類の購入もあった。2013年では、堆肥きゅう肥は、

● 第4章　農業の展開と環境・資源問題

表2　肥料投入量

単位：キログラム

			1960年	2013年
購　入	窒　素	硫　安 硝　安 石灰窒素 尿　素 塩　安 チリ硝石	21.12	1.1
	リン酸質	過　石 混合りん肥 焼成りん肥 骨　粉 溶成りん肥	17.79	3.9
	カリ質	硫酸加里 塩化加里 苦汁加里	8.49	1.4
	石灰質	生石灰 消石灰 炭カリ カ　ル	16.77	10.1
	複合肥料	低成分化成 高成分化成 配　合 有機個型 無機固型 計	25.98 6.14 7.53 0.17 0.13 39.95	3.5 30.8 14.5 0 0 48.8
	油脂類	大豆かす 菜種かす 綿実かす 亜麻にかす にしんかす いわしかす その他	1.23	－
	その他	稲わら 人糞尿 鶏鳥糞 その他	0.03 3.15 2.18	－
		堆肥・きゅう肥	－	59.5
自　給	緑　肥	れんげ 青刈大豆 その他	96.83	－
	糞尿類	人糞尿 家畜糞尿 蚕糞蚕さ 鶏鳥糞	5.27 0.32 0.19 2.70	
	その他	堆肥きゅう肥 稲わら 麦かん 落　葉 青　草 乾　草 いもづる 草木灰 米ぬか その他	630.64 9.68 0.50 3.27 0.86 0.01 1.33 0.01 －	10.8

資料）農林水産省『米及び麦類の生産費』

自給するよりも外部から購入（稲わらや麦稈との交換を含む）する方が多くなり、購入依存の状態になっている。

以上のように1960年当時は、圃場の外から野草や落ち葉などの刈敷、家畜だけでなく人間の糞尿を肥料源として投入しており、圃場においては窒素を固定するマメ科のれんげ等を播種して緑肥として利用することが広くおこなわれ、地域資源を活かした多様な方法で地力が維持されていた。そして、そこには多く

98

の労働が費やされていた。現在では、このような肥料の多様性がなくなり、化学工業から供給される化学肥料、とくに化成肥料に集中的に依存する形が鮮明に現れるようになったのである。

4 環境・資源問題の発現

◆ 農業の工業化が引き起こした問題

　日本の農業は、土地利用の集約度を高める方向で技術発展してきており、高度成長期に入るまでは「多労・多肥」が生産構造の特徴を象徴するキーワードとなっていた。つまり、限られた面積に多くの資材と多くの労働を投入して生産量を増大させることによって増加する人口を養ってきたのである。これは、相対的に希少資源である土地の集約度を高めることによって生産力を増大させるという技術対応であり、過小規模と過剰就業の状態にある小農の行動原理である。限られた農地で集約的な農業が維持されてきた根底には、自給的な資材の利用によって生産系の内部での物質循環あるいは里山などでの刈り草や放牧をはじめとする地縁的な空間内での物質循環の保持がある。外部から購入する資材が少ないかわりに、多くの労働を費やして自己完結的あるいは地域完結な循環を保ってきたといえる。

　しかしながら、こうした農業は高度成長期を通して様変わりした姿を現すことになった。集約的な農業の性格は変わらないが、M技術、BC技術の進歩によって省力化が著しく進んだ。経済の高度成長の中で他産業の賃金水準が上昇して労働力が流出

● 第4章　農業の展開と環境・資源問題

し、農業内部では労働の節約効果がある技術が求められた。こうした状況下では、農業内部に労働力をとどめ、自給肥料を生産することは困難となり、経営外部から購入する化学肥料への依存度が高まることになった。また、化学工業が発展する中で、化学農薬が相対的に安価で購入できるようになり、急速に普及した。高度成長期を通じて日本の農業は「省力・多肥・多農薬」の性格を強めたのである。

　自給的性格が強かった多労・多肥から生産要素を市場から調達する省力・多肥・多農薬の農業に様変わりさせた技術的要因は、農業の工業化とりわけ機械・施設化、化学資材の使用であった。これらは、農業生産力を飛躍的に増大させたが、同時に大きな課題を抱えることになった。それは、①農業生産の環境負荷が大きくなったこと、②エネルギーと資源を大量に消費するようになったこと、である。

◆ 農業と環境負荷

　化学肥料の開発・普及は作物の収量水準を高めることに大きく貢献した。しかし、多収を求めた過剰な施用が環境汚染につながった。とりわけ肥料の三要素のうちの窒素とリンが問題となった。化学工業の発達により、微生物を介して大気から固定される窒素の量とほぼ同量の窒素が人工的に固定され利用可能となった。投入された肥料、家畜の糞尿から作物に吸収されない過剰な窒素分が流出して、水質汚染、湖沼などの富栄養化を引き起こし、揮散した窒素分は、生態系に影響を及ぼし、オゾン層破壊の一因になっているともいわれている。リンも富栄養

化の原因として土壌蓄積が問題となる。さらにリン酸肥料の原料であるリン鉱石は枯渇資源であり、埋蔵量が豊富ではなく一部地域に偏在していることから、調達が難しさを増している。

化学農薬は、病害虫による収量のロスを減らすことに貢献したが、化学農薬への依存に対しては、人体への影響、生態系への影響が懸念されるようになった。レイチェル・カーソンの『Silent Spring』（1963年）が1974年に文庫本として『沈黙の春』のタイトルで出版され（最初の翻訳は別タイトルで1964年に出版）、有吉佐和子が『複合汚染』（1975年）を著し、農薬等の化学物質の使用に懸念を示す声が高まった。農業生産においては、生物的環境の制御をすることによって作物の収量を確保し品質の維持に貢献する農薬であるが、外部への負の影響（外部不経済）が深刻化してきたのである。

これらの諸問題の対策として次のことが推進されている。第一は、適正な利用である。化学肥料、化学農薬は必要なときに必要な量を施用することが重要である。つまり、過剰な投入をなくすためのコントロールが求められるのである。第二には、環境負荷のより少ない資材、技術に代替していくことである。化学農薬の代わりに生物的防除を取り入れるなどが代表例としてあげられる。先に紹介した化学肥料への傾倒については、堆肥への代替を取り入れながら化学肥料との組み合わせによる肥効の調整が有効な手立てとなる。

◆ 資源消費型生産への移行

農業生産が工業的な性格を帯びた結果、農業生産はエネルギ

● 第４章　農業の展開と環境・資源問題

ーを消費する性格を強めた。かつては、人間の労力や役畜に依存していた作業が機械化され、自給していた堆肥が化学肥料に置き換わると、稲作に投入されるエネルギーは極めて大きいものとなる。農業に投じられるエネルギーは、労働や畜力、機械・施設の燃料、電力などの直接エネルギーだけでなく、農薬や肥料など資材を生産するためのエネルギーも間接エネルギーとして必要となる。両者を合わせて投入エネルギーとして評価すると、工業的な方向に技術が進歩するほど投入エネルギーは格段に増大する。機械の動力を得るための燃料のみならず、化学肥料や化学農薬については、窒素肥料１キログラムには約２万 kcal、農薬１キログラムには2.4万 kcal分の化石エネルギーが投入されて生産されている。農業生産力を飛躍的に伸ばした農業技術の多くは化石エネルギーに依存しているのである。

　こうした観点から稲作でのエネルギー収支をみたものが図５である。これは、稲作の産物である米から得られるエネルギーとその米を生産するために要したエネルギーの比を表したものである。稲作が人間の労働に依存していた1955年時点ではエネルギー収支比率が1.11と投入エネルギーより産出エネルギーの方が大きかった。しかしながら1965年ではすでにエネルギー収支比率は1より小さくなっており、投入されるエネルギーの0.58倍のエネルギーしか得られないようになっている。

　このように、稲作はエネルギー消費型の性格を強めてきたのである。消費されるエネルギーは化石燃料に依存しており、限りある天然資源を消費しながら食料生産を続けていることになる。

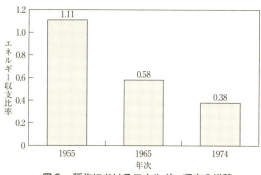

図5　稲作におけるエネルギー収支の推移

資料）宇田川武俊「農林水産業におけるエネルギー消費」『農林水産技術研究ジャーナル』21（10）、1998年を参照して作図。

注）エネルギー収支は、収入エネルギー／投入エネルギーで示されている。

　さらに、農業が工業化して自給的な性格が薄れたことにも大きな問題が潜んでいる。ただし、ここでいう自給とは、農場内に限定した狭義の意味ではなく、生産システムの圏域としての自給であり、地縁的空間にある資源を利用することも含まれる。生産に必要な要素を外部から調達するようになることは、物質フローからみて大きな変化を意味する。食料を摂取した人間から排せつされる人糞尿を生産圃場に戻すことや、作物残さ、家畜の糞尿を堆きゅう肥という形で生産のサイクルに戻すことがおこなわれなくなり、農業生産の圏域外から新たな流入する物質の量が増大する。常に生産の圏域外からの新規の物質に依存することは、圏域外の資源を消費し、そのためのエネルギーを消費することを意味する。限りある資源を保全し、環境を保全するには、資源循環のサイクルを形成して資源とエネルギーの新たな投入をできる限り抑制することが求められる。持続可能な農業を追求するためには、生産システム内部で物質循環のサ

● 第4章　農業の展開と環境・資源問題

イクルを形成することが理想的である。

5 　新たな資源循環の構築へ

20世紀に近代化という名のもとに農業の工業化が進み、生産力は飛躍的に高まった。しかしながら、それは環境負荷、資源消費という課題をもたらすに至った。21世紀に入り、これからの課題を解決するための農業の在り方を展望するうえで大切なポイントを押さえておきたい。

環境への負荷を抑制するためには、環境への影響が少ない資材と栽培方法を開発するとともに、農業生産の方式、農業の在り方として環境保全型農業の展開が求められる。現在、政策も環境保全型農業の後押しをしている。1999年に「持続性の高い農業生産方式の導入の促進に関する法律」(持続農業法) が施行され、堆肥等の有機質資材の施用、化学肥料の使用低減、化学農薬の使用低減の3点すべてに取り組む農業者をエコファーマーとして認定する制度をスタートさせている。

資源循環については、技術のみで解決できる問題ではなく、農業分野のみの対応では限界があるため、社会全体での仕組みづくりが必要となってくる。

かつては農場内あるいは集落等狭い範囲で循環が形成されていた (図6)。それは多分に自給的な性格を持っていた。しかし、現在では耕種農業と畜産がそれぞれ専門分化して離れており、耕畜連携による飼料と肥料のやりとりは多くないのが現状である。そして食料の生産と消費の場が地理的に離れ、フードチェ

104

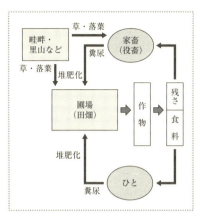

図6 自給的性格が強かった段階での資源循環の模式図
注1）点線は農業経営の生産圏域を示す。

ーンが長くなり、複雑化してきている。そのため食品加工の残さや消費残さは農業生産の場とは離れたところで分散して発生していることが多い（図7）。こうした残さの多くは、飼料や肥料として再生利用できる資源である。日本では食品関連産業全体で年間1,900万トンを超える食品廃棄物が発生しており、一般家庭で885万トンの食品廃棄物が発生しているが、これらの大半はフードシステムの川中や川下にあたる部分で発生している。こうした段階になると、もはや資源循環を農業内部のみで形成することは難しい。したがって、フードシステム全体で資源循環を形成していくことが望まれる。それを目指した法律が、2000年に施行された「食品循環資源の再生利用等の促進に関する法律」（食品リサイクル法）である。

　地球環境を保全し、資源の消費を低減させて持続可能性を高めるためには、生物生産に相応した資源循環を形成していくこ

● 第4章 農業の展開と環境・資源問題

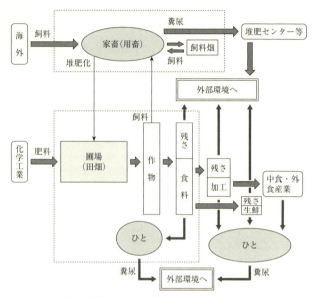

図7 現代の農業生産と食料消費における物的フローの概念図
注1）点線は農業経営の生産圏域を示す。
注2）外部環境は、生産圏域外への物質流出を表す。

とが必要である。かつては自家あるいは地縁的な狭い範囲内での循環を自給的に成立させていたが、現代においてはフードシステム全体で様々な経済主体間が結びつきながら循環を創り出すことが必要になってきている。食料の生産と消費の距離が離れた現代においては、農と食をつないで循環を形成することが求められている。そこでの資源循環は、個別完結的な自給のためのものではなく、多様な経済主体が共益的な経済関係で結びつくことによって形成されるのである。そのために経営、業種、地域を超えた結びつきを考える段階に入ったといえる。

◎用語解説—————————————

役畜と用畜：役畜は、農耕や運搬に使役する目的で飼養されている家畜を指す。それに対し、用畜は食用あるいは乳や卵、毛や皮革などを得るために飼養される家畜を指す。

三ちゃん農業：農家の男性の基幹労働力が農外に就業し、自家農業を残された家族の老夫婦、主婦、つまり「じいちゃん、ばあちゃん、かあちゃん」が担うことを指す。高度成長期に賃金が高くなった男性労働力を中心に農業労働力が流出し、農業労働力のぜい弱化を表す流行語であった。

ワンマンファーム：農業の機械化によって一人で作業と管理を担うことができる「ワンマン・オペレーション」が可能な農場を指すのが元来の意味である。一家族による農業経営という意味で用いられることもある。

機械化一貫体系：播種・植付けから収穫・調製までの主要作業過程がすべて機械化されたことを指す。日本の稲作においては、「耕運機—田植機—防除機—バインダー脱穀機—小型乾燥機—籾摺機」の小型機械化体系、「トラクタ—田植機—防除機—自脱型コンバイン—循環型乾燥機—籾摺機」の中型機械化体系、「大型トラクタ—直播—高性能防除機—大型コンバイン—カントリーエレベータまたはライスセンター」の大型機械化体系がある（貝原基介『稲作の機械化』農業信用保険協会、1976年）。

環境保全型農業：農業の持つ物質循環機能を生かし、生産性との調和などに留意しつつ、土づくり等を通じて化学肥料、農薬の使用等による環境負荷の軽減に配慮した持続的な農業を指す。日本では1992年の「新しい食料・農業・農村政策の方向」（新政策）に環境負荷の軽減に配慮した農法として位置づけられた。

◎さらに勉強するための本—————————————

荏開津典生・鈴木宣弘『農業経済学』岩波書店、2015年。

● 第4章　農業の展開と環境・資源問題

日本農業経営学会編『循環型社会の構築と農業経営』農林統計協会、
　　2007年。

西尾道徳『農業と環境汚染』農山漁村文化協会、2005年。

七戸長生『日本農業の経営問題』北海道大学出版会、1988年。

東京農業大学食料環境経済学科編『食料環境経済入門』筑波書房、
　　2003年。

ギモンをガクモンに

No.5

「環境を守る」とはどういうこと？
私たちのくらしは環境とどのようにかかわっているの？

　「環境を守る」というフレーズから、何を想像しますか？地球温暖化問題や砂漠化、希少生物の減少などの環境問題とそれへの対応といったことかもしれません。しかし、私たちのくらしのすぐ回りにもさまざまな「環境」があり、私たちはそうした「環境」とかかわり合いながらくらしているといえます。「環境」によってくらしが豊かになり、くらしを営むことが「環境を守る」ことにもつながっていくのです。今、日本の多くの農山漁村では、過疎化高齢化という問題を抱え、くらしを営むことによって環境を守るということが次第に難しくなってきています。そうした中でも、人々はさまざまな取り組みによって、自分たちのくらしと同時に、そのくらしを支えている身近な自然環境を守っていこうとしています。ここで紹介する、自前の工夫により農業と環境を守ろうとする個人の取り組みや、世界的な評価を得た地域ぐるみの地道な取り組みも、その例といえます。

第5章

身近な環境を守るくふう

キーワード

社会のしくみ／自前の工夫／制度の使いこなし

1　はじめに

「環境を守ろう」というフレーズはいまや、わたしたちにとって当たり前のものとなった。では、その「環境」として、実際には何を思い浮かべるだろうか。「守る」とは、いったいどのようなことだろうか。すぐにイメージできるものとしては、アマゾンの熱帯雨林の保護や、アフリカの砂漠化・南極のシロクマの絶滅を防ぐことなど、世界的な話題かもしれない。白神山地や知床半島といった世界自然遺産についてのニュースを思い出

す人もいるだろう。いずれも、「環境を守る」というテーマと結びつくトピックだが、本章では、もっと身近なところから、考えていきたい。たとえば、風景の一部と化しているような山や田畑だ。これらの身近な環境は、人間と切り離せない関係のなかで、そこに存在してきた。わたしたち人間が、世代をまたぎ田畑を耕すことも、年に一度、川べりの草刈りをおこなうことも、季節の山菜を採りにいくことも、実は人間と環境とのかかわり方の一例である。

◆ 環境を守るために、社会を知る

　環境を守るためにはまず、その対象となる環境の性質について知る必要がある。たとえば、森林の保全について考えたとき、その森にどんな動植物がいるのかを調べる。植林活動を行うならば、植林に適した場所や時期をあらかじめ分析し、生態系に配慮できるよう準備しておく。このように環境の性質について学ぶことと同じぐらい、あるいはそれ以上に求められることがある。それは、その環境とかかわりを持つ人間や社会の側についての理解を深めることだ。

　環境は一定の状態を保っているとは限らない。荒れたり、復元したりすることを繰り返し、その様相を変えている。この変化にわたしたち人間は深くかかわっている。林業が盛んな時代は、人間が山に積極的に手を加えたが、産業としての成立がむずかしくなると、放置するようになった。海は、漁業を通じて資源を利用する場や、工場や家庭の排水が放棄される場として、人間からの働きかけを引き受けてきた。

● 第5章　身近な環境を守るくふう

　また、わたしたち人間の側も一様ではない。生業を通じて、世代を超えた環境との長い付き合いもあれば、近年のように、自宅とは離れた地域に出かけ、そこで環境とのかかわりをもつということもある。エコツーリズムや農産物などのオーナー制度などがその例だ。また、自然とのかかわりを持ちたい、環境を守りたいという共通の想いのもとに集まっていても、そこにもめごとが生じてしまうことがある。なぜなら、それぞれの立場や役割、社会の状況が、各々の優先したいことや守りたいもの自体を多様にするからだ。だからこそ、わたしたちは、環境を守ろうとするとき、自然についての知識を深めると同時に、社会のしくみという人間側の事情について十分に把握しておくことが必要となる。

　さらに、過疎と高齢化という社会問題による環境への影響が大きいことも忘れてはならない。人の数が減るということは、これまでと同様の社会的な営みをおこなうことがむずかしくなるということだ。たとえば、交通の便が悪い山間地では、消防本部や消防署がないため、本業を別に持つ住民たちによる、ボランティアベースの消防団が活躍してきた。しかし、消防団の中心的役割を果たす30〜50代の働き手世代が減ってしまうと、消防団は解散せざるを得なくなる。このような地域で火事が発生すれば、どうなるだろうか。

　人の数は社会を動かすパワーとなる、しかしそれが減ってしまうと、手をかけ、気にかけることに限界が生じる。環境とのかかわりも希薄になりがちだ。すると、環境は「荒れ」てしまいかねない。この荒れを肌で感じているのは、そのそばに暮ら

す人びとだ。体力が落ち山に入ることができなくなるなかで、山の荒れを実感しながら暮らすことほど、心苦しいことはない、と話す人もいる。話題性のある環境保全活動や、華やかな地域振興の影には、もどかしい思いを抱えながら暮らしている人びとがいる。

◆ 日本の社会と環境

　少し視点を変えてみよう。哲学者の内山節は、2011（平成23）年の東日本大震災以後の社会と人間を問う著作のなかで、欧米における社会とは、人間だけの社会を意味するが、日本の社会は「自然と人間によって構成されているというのが伝統的な考え方」であると指摘している（内山節・21世紀デザインセンター『内山節のローカリズム言論──新しい共同体をデザインする──』農文協、2012年）。本章ではこの指摘に学びながら、日本で社会のしくみを考えるということが自ずと、環境への視点が含まれるということを示していきたい。

　つまり、社会と環境は互いに影響を及ぼす関係にあり、社会を守ることが環境を守ることにつながり、環境に注目することが社会的な行為を振り返る機会になるということだ。そこで本章では、やりがいを生み出す小規模なプロジェクトについての話題と、環境を守るためのグローバルな制度を、自分たちの社会の豊かさに結びつけるという、二つの異なるエピソードを紹介する。これらの事例を通して、社会のしくみと環境を守るということについて、身近なところから考えていきたい。

● 第5章　身近な環境を守るくふう

2　自前の工夫で環境と暮らしを守る人びと

地図1　熊野市の位置

　三重県熊野市は紀伊半島の南東部に位置し、海、川、山といった豊かな自然に囲まれている（地図1）。これらの環境を生かした農林水産業が、この地域の経済を古くから支えてきた。2004（平成16）年、「紀伊山地の霊場と参詣道」として、同市の一部が世界文化遺産として登録された際は、観光産業の盛り上がりに期待がふくらんだ。しかし、名古屋や大阪といった大都市へのアクセスは未だに決してよいとは言えず、世界遺産登録後の経済効果についても、実感できるほどのものとなっていない。それどころか、登録によって、山への自由な立ち入りが禁じられるなど、それまでの環境とのかかわり方を変えざるを得なくなってしまった（大野哲也「地域おこしにおける二つの正義――熊野古道、世界遺産登録反対運動の現場から――」『ソシオロジ』163号、2008年、73〜90頁）。同時に、過疎と高齢化は年々、深刻化している。市全体での高齢化率は37％に達し、一部の地域は60％を超え、人口は1995（平成7年）年から2010（平成22）年にかけて4,405人（18％）減少した（熊野市　2012）。

写真1　作業する茂じい
(三重県熊野市、2015 年、久保智撮影)

◆ 口コミネットワークの魅力

　「茂じい(しげじい)プロジェクト」は、2002(平成14)年6月にはじまった(写真1)。当時熊野市市役所職員だったKさんが農林水産業の振興として小規模農家のサブビジネスのアイデアを探っているなか、この地域に縁のあった大学教員のTさんと相談し、低農薬・有機栽培のトマトを農家から直接届けるという産地直送のアイデアにたどり着いた。Kさんは早速、親戚の茂じいにその企画を話した。茂じいは熊野市の農業委員のひとりであり、耕作される見込みがない農地の増加と農家の収入の減少に頭を悩ませていた。Kさんからの提案を受け、果たして注文が来るか半信半疑だったものの、こうした問題を解決するための足がかりになるかもしれないということで、快諾した。

● 第5章　身近な環境を守るくふう

　茂じいプロジェクトの魅力は、その農産物のおいしさであることは間違いないが、同様に、顔見知りであることや信頼できる人からの勧めによる安心感にあると言えるだろう。季節ごとにKさんからの連絡が入れば、確実に注文が入る。利用者のひとりは、「茂じいの、と聞くだけで、注文したいという気持ちになる」と話す。また、「注文することが習慣になってきた」「一回頼んでおいしければ、次も」という意見もある。購入者の一人であるKHさんは、送料が上乗せされる点も考えると、こうした直接的な売買には、ある程度の金銭的な余裕が必要となることを指摘する。それでも、「できる範囲で買いたい」という気持ちを持っていて、その理由は、「自分の見知った人」から購入することへの安心感、あるいは満足感からだという。

　「プロジェクト」と聞くと、大規模で洗練されたものを想像するかもしれないが、茂じいプロジェクトはむしろその反対だ。小さなきっかけや些細な動機を支えとし、小規模ながらも確実に販路を確保している。注文する側は田舎の親戚から農産物を送ってもらっているような感覚を覚える。また、茂じい自身、自分の農産物の送付先や量が増え、「おいしい」という声が届くようになるにつれ、やりがいが出てくるようになり、作業にも力がこもるようになったという。Kさんは、規模の大きさではなく、やりがいを感じる農業を支えていくことの意義を実感していた。参加する農家を徐々に増やしていくことを目指し進めてきたが、実は今年まで茂じいのみ、という状態にある。たった一人の提供者・茂じいも年齢を重ね、農作業が難しくなり、2014（平成26）年にトマトの発送は中断となった。

写真2 茂じいの田んぼ
(三重県、2015年、久保智撮影)

　プロジェクトの活性化と拡大を考えるならば、あらたなメンバーを増やすということが肝心に思えるが、Kさんや茂じいと同じような志で農産物をつくり販売できそうな人はなかなか見つからなかった。その一方で、Kさんは茂じいプロジェクトのネットワークを使い、別の知人農家から提供される柑橘類の販売などもおこなっている。市場に卸しきれないなど、だぶついてしまったものがあると聞き、Kさんの判断で出荷を決めている。Kさんはこのように、融通を利かせたり、固定化されない運営方針で柔軟に対応している姿がみえてくる（写真2）。

◆ 無理せずにつづける

　このような運営方針にどのような印象を受けるだろうか？このプロジェクトの特徴の一つは、「無理をしない」ということに

●第5章　身近な環境を守るくふう

ある。たとえば、このプロジェクトは、ホームページなどを通じた販売ではなく、顔見知りのネットワーク（口コミ）でつながる産直にこだわってきた。Kさんは、規模を大きくし、不特定多数を相手にするリスクと、顔が見えるネットワークの方が、トラブルが起こりにくいということを直感していたからだ。

インターネットを通じた農産物の売買は、その気軽さから流行を見せている。しかし、多くのクレームが寄せられることも事実だ。たとえば、民宿の泊まり客への直売の評判をきっかけに、インターネットを利用した産直を開始した東北のY地域では、復興支援の雰囲気も後押しし、スタート時にはたくさんの注文があったという。しかし、「量が少ない」などというクレームが届くようになった。ウェブサイト上には目安の量を記載していたので、注文した側の思い込みによる部分は大きい。しかし、この産直を企画したHさんは、「たとえ1件だったとしても、顔の見えない相手からのクレームには心が折れる」という。特に、農産物を提供しているおばあさんたちに、クレームを伝えなければならないことが辛いという。両者に挟まれる苦い経験を重ねるなか、Hさんは、クレーム内容がSNSを通じ広がってしまうことを恐れ、この産直は1シーズンで終了せざるを得なかった。対面式の直売ではなかったクレームが、インターネット販売に切り替えたことにより、増えてしまった。

茂じいプロジェクトは開始から10年が経ったいまも、毎年安定したオーダーが入ってくる。それは茂じいやKさんという顔の見える関係による変わらぬ安心感と、たとえミスがあっても許しあえる信頼関係が、このプロジェクトの強みとなっている。

◆ 社会と環境を守る

熊野市はいまも、遊休耕作地の増加、山の管理の限界など、地域全体の環境にかかわってくるような課題を抱えている。これらは過疎と高齢化を根に持つ社会問題であり、それを解決することは簡単ではない。しかし、現地に暮らす人びとがすっかりあきらめてしまっているかというとそうではない。茂じいプロジェクトのように、「いまできること」を知り、そこからはじめられている試みは無数にある。こうした試みを成功・失敗という単純なものさしで測ることはできない。むしろ、使い古された「環境を守る」というフレーズのむずかしさを改めて気付かせてくれ、現場の苦労やわたしたちにできることを知るきっかけとなるのではないだろうか。

3 │ 「成功」の裏側と人びとの思い

次に、宮崎県綾町の事例を紹介しよう。綾町は、宮崎県のほぼ中央に位置し、豊かな照葉樹林を有する人口約7,000人の町だ（地図2）。熊野市との大きな違いは2点ある。熊野市は過疎・高齢化の問題の深刻さを抱え、世界遺産登録が果たせたにもかかわらず、その経済効果が得られていない。そこで、熊野市に暮らす人びとは、世界遺産登録や行政の公的なサービスにある程度期待しつつも、それとは異なる文脈で、実現可能な範囲の環境保全を見据えた社会の組み立てを展開してきた。他方、綾町の人口推移はほぼ横ばい状態にあり、近年では県外からのIタ

● 第5章　身近な環境を守るくふう

地図2　綾町の位置

ーン、Uターン者が増えてきている。また世界遺産登録の断念という経験があるものの、有機農業や照葉樹林を生かした観光など、地域経済の安定が図られている。ゆえに、綾町は環境保全的にも、社会的にもうまくいっているように見える。本節ではそのプロセスを紐解いていきたい。

◆ 照葉樹林と有機農業

　綾町の照葉樹林の面積は約2,000ヘクタールあり、日本最大級である。かつては林業によって栄えたが、昭和30年代後半頃から、山の資源が減り、作業の機械化も進み、山で働くことがむずかしくなった。このようななか、1967（昭和42）年に、営林署から照葉樹林を含む国有林の伐採が通知された。綾町は、この計画に反対意思を示し、国策としての事業を覆した。これがきっかけとなり、環境と共存していくことが町の基本的な考えとなっていった。しかし、ピンチはまた訪れた。綾町民が気づかないあいだに、山の木々は林道をつくるという理由のもとで伐採されていたのだ。1980年代に入り、それに気づいた綾町の人びとが動き出した。有識者を集め、対策を練った。紆余曲折しながらも、2度目の伐採阻止にこぎつけた。その際、県有林と国有林とのあいだの深い谷に大吊り橋をかけた。

（山を）全部切っていたら、当時の利益は2億ぐらいになっていたと思います。でも、森を守り、森の価値を高めるために大吊橋を作った。照葉樹林へ入るためには、ひとり300円払って、橋を渡ってもらう。多いときで年間250万人でした。数年で山を切ったのと同じだけの利益が入ってきました。

　つまり、伐採することによって補償金を得るのではなく、山を守りながら生活を成り立たせるという難題に挑戦し、大吊橋というアイデアで乗り切ったということだ。

　もう一つ、綾町の人びとが環境を守る生活を選択するために、町全体で取り組んできたことがある。それは、有機農業だ。同町ではこれを自然生態系農業と呼ぶ。一坪菜園運動というかたちで推奨をはじめた。当時の町長・郷田氏は、林業の衰退や森林伐採計画を受け、安定した生業と安心した暮らしを目指すために、有機農業に注目した。その後、自然生態系農業の推進に関する条約を定め、これに基づいてつくられた作物を並べる直売所「手づくりほんものセンター」がオープンした（写真3）。

　有機農業をはじめるにあたっては、農地と農産物の管理において厳しい基準をクリアしなければならない。よって、有機農業をはじめるということは簡単ではない。また、林業が廃れ、経済状況が悪化するなかでのスタートだったことを考えてみると、はじめたばかりの頃の苦労が想像できる。しかし、長期的なビジョンを持って取り組んだ結果、いまや町内の登録農家の7割以上が有機農業の認証基準をクリアしている。

● 第5章　身近な環境を守るくふう

写真3　手づくりほんものセンター
(宮崎県綾町、2015年、筆者撮影)

◆ 国際的な評価のとらえ方

　ユネスコMAB計画を知っているだろうか。正式名称はUNESCO's Man and the Biosphere Programme（ユネスコ人間と生物圏計画、以下MAB計画とする）という。これは、1976（昭和51）年に開始された「生物多様性の保護を目的に、自然及び天然資源の持続可能な利用と保護に関する科学的研究を行う」ことを目的とした事業である（文部科学省ウェブサイト http://www.mext.go.jp/unesco/005/1341691.htm）。現在、MAB計画において、生物圏保存地域（Biosphere Reserves）として世界で651サイト、国内では7サイトが登録されている。

　この保存地域を、日本では「ユネスコエコパーク」と呼ぶ。エコパークは、自然の保護・保全だけでなく、自然と人間社会

の共生に重点が置かれている。世界自然遺産やその他の保全制度（国立公園等）との違いは、人間活動を含めた自然の保全（および教育）を目的としたプログラムであるということだ。登録されたサイトでは、核心地域／緩衝地域／移行地域というようにゾーニングをおこなっている。このようにして、耕作地や居住地を含み、持続可能な開発の具体的事例を示そうとすることが、その特徴だ（岡野隆宏「日本の生物圏保存地域の現状と今後の展望」『環境研究』No.174、2014、73～82頁）。よって、その活用の幅が広く、また、対象とする範囲も、里地・里山や農村景観などを含むなど、幅が広い（田中俊徳「特集を終えて：ユネスコMAB計画の歴史的位置づけと国内実施における今後の展望」『日本生態学会誌』62、日本生態学会、2012、393-399頁）。古くから里山を利用するなど、日本における環境と人間とのかかわりに合致しているともいえる事業といえよう。

　綾町は、重なる伐採問題を乗り切ってきたが、2000年代はじめ、九州電力送電鉄塔建設という問題に直面した。このとき、町の意見は賛成と反対に二分されてしまう。住民間の溝が深まっていく状況を打破したいと考えた人びとを中心に、「鉄塔反対」を強く主張するのではなく、森を守るという点を強調しながら、鉄塔問題に向き合うべく、世界自然遺産登録への挑戦がはじまった。しかし、結果的には鉄塔の建設計画が覆されることはなく、世界遺産登録にも至らなかった。世界遺産に登録するためには、照葉樹林の面積が小さすぎたのだ。それは住民をがっかりさせてしまうできごとでもあったが、こうした経験がのちのエコパーク登録というあらたな動きにつながっていった。

● 第5章　身近な環境を守るくふう

写真4 エコパークのなかで
(宮崎県綾町、2015年、筆者撮影)

　その主体となったのが、2005 (平成17) 年に立ち上げられた「綾の照葉樹林プロジェクト」である。このプロジェクトの特徴は、県や町内外のNPOなど異なる立場が協働している点だ。これはエコパーク登録申請においても、プラスに働いた。こうして、「「自然生態系を活かして育てる町」を目指して取組続けている綾町をはじめとする近隣市町村が、ユネスコの国際生物圏保存地域「ユネスコエコパーク」に登録されることによって、生態系の保全と持続的利活用による地域活性化」を目的とし、エコパーク登録が目指された (写真4)。

　しかし、実際に登録申請に携わった人びとや住民の声を聞くと、エコパークのとらえ方は、地域活性化とは異なった文脈にあることに気づかされる。たとえば、綾町の人びとに話を聞いていると、「エコパーク登録は最終目的ではなかった」という声をよく耳にする。さらに、「これまでの50年が評価された。(登録は) 当然だ」(エコパーク推進室　Kさん)、「有機農業が評価されてのエコパーク」(有機農業開発センター職員Nさん) という意見がある。つまり、エコパーク登録という国際的な評価は、有機農業や照葉樹林の保全など、綾町のこれまでの取り組みに対する

ものだと考えているのだ。「自然と共生する町づくりはエコパーク登録以前から目指してきたこと。特にびっくりもしなかった」と、同町O地区の農家Hさんは話していた。また、「これは中間評価。ここからどうするか、これをきっかけに考えていく」という語りがあるように、綾町の人びとは、エコパーク登録による地域活性化に大きな効果を期待するというよりはむしろ、地域活性化の中身やそれ以外に何ができるのかというところから考えていこうとしている。

◆ 環境を気にする「癖」

　実際に、エコパーク登録後は、町レベル、団体レベル、個人レベルというように、異なる単位で、今後の綾町を考えるような組織が生まれつつある。世界自然遺産のように、保護が優先されることにより、人間の営みが制限されてしまうと、住民はそれをデメリットとして歓迎できない部分がある。しかし、エコパークの特徴の一つに、環境を使いながら守っていくという特徴があるように、エコパークは、住民、特に過去に環境保全をめぐる苦い経験を重ねた人びとにとっては拒否反応が出にくいものだ。環境を守りたい人にも、利用したい人にも、開かれた制度として理解することを許すからだろう。それどころか、いままでやってきたことへの自負や誇りに対する国際的な評価がつくことは、自分たちがおこなってきたことへの再評価へとつながり、さらに自信を持って暮らしを営めるきっかけとなる。ゆえに、綾の人びとにとって、エコパーク登録という国際的な評価は、ゴールではなく、スタート地点として理解されている

● 第5章　身近な環境を守るくふう

のではないだろうか。

　綾町の「いま」を見れば、環境を守ることと、暮らしを成り立たせることの両立が目立ち、これまでのプロセスはとらえにくいかもしれない。しかし、そのプロセスには、世界遺産の登録に至らなかったり、鉄塔建設に抗いきれなかったり、というように「成功」物語としては語りきれない局面があった。そうしたなかで、「環境を守る」ことが具体的にいかなるメリットを社会にもたらすのか、ということが問われてきた。「癖さえつけば、あとはもうだいじょうぶ。とんでもないことにならない」とKさんが語るように、自分たちの行動と環境への影響を結びつける「癖」がついた。

4 ｜ むすび

　わたしたちは、環境を守ろうとするとき、それを可能にするルールや制度について考える。このとき、そのルールや制度には、「正しさ」が求められる。しかし、「そういう「正解」のもとに設計された多くの環境保全政策が、なぜか、現実にはうまくいっていない」と、環境社会学者の宮内泰介は指摘する（宮内 2013）。宮内は、その理由として科学の「答」と社会の「答」のズレに注目し、これからの環境保全のあり方の「すべての答は現場にある」とし、「現場にこだわりながら、問題と解決を提示」することを試みている。

　現場からものを考えることは、簡単ではない。現場に入ると、状況の複雑さを目の当たりにし、誰もが納得できるルールや制

度を作り上げることのむずかしさを実感する。こちらを立てれば、あちらが立たずというように、さまざまな利害関係のなかで、わたしたちは暮らしているからだ。そうであっても、それぞれの妥協点を引き出し、運用可能なものを生み出していくためには、やはり現場からものごとを考えるしかない。

　熊野市の茂じいプロジェクトと、綾町の自然生態系農業やエコパーク登録とは、自分たちにできることとできないことを見極め、少しでもよりよい暮らしを築きながら、環境の復元や維持を目指そうとするという共通点がある。しかし、互いに交換可能な方法ではない。やはり、固有の文脈がある。茂じいプロジェクトからは、小規模ながらも確実な方法で、生産者のやりがいを生み出し農業をつづけ、暮らしと環境を守りつなごうとする人びとの姿が見えて来る。人の手が加わらない環境が増えることは、人びとの心を環境から離れさせ、さらにその環境を通じてつながっていた人間同士のつながりを希薄化させてしまうという別の不幸を引き寄せる。抵抗しきれない社会問題を抱えながらも、このプロジェクトのように、ニュースとして人の耳目を集めるには至らないような奮闘が、日本の各地で重ねられている。その試みの数々を知ることは、環境を守るという聞きなれたフレーズを問い直すきっかけになるだろう。

　綾町のようにエコパーク登録といった話題性のあるできごとの陰にもまた、それまでの長く地道な営みがあることを本章では紹介した。環境保全や地域運営、生業振興について50年間という下積み期間があったからこそ、エコパークのような国際的な評価を受けたあとも、その評価の大きさに影響されすぎずに

127

● 第5章　身近な環境を守るくふう

いられるのではないだろうか。綾町はいま、「癖」づいた「環境を守る」姿勢を土台にエコパーク登録後の今後を考える段階に入っている。

　わたしたちは、「環境を守ろう」というフレーズを当たり前のものとして受け流してしまう傾向にある。しかし、身近なものほど、しがらみや個々の感情からの影響を受けている。そこに、当たり前に存在する環境について、たとえば、誰にとっての環境なのか、それをどんな方法で守ろうとしているのかということに想像を働かせてみよう。ありふれたフレーズによって覆い隠されてしまった、身近な環境とのつきあい方の難しさと楽しさに気づくのではないだろうか。

◎用語説明────────────────────

生態系：森林、川、海などの自然環境と、そこに生息するすべての生物と、これらを取り囲む水や大気、土などを指す。それらの構成要素は、相互に作用し、動的で複雑なものである。

エコツーリズム：地域固有の自然・歴史・文化を活かし、それらの持続的な利用や保全に責任を持つ観光のあり方。「エコツーリズム推進法」では、自然環境の保全・観光振興・地域振興・環境教育の場としての活用が基本理念となっている。

高齢化率：65歳以上の高齢者人口（老年人口）が総人口に占める割合。

照葉樹林：冬でも葉を落とさず、一年中緑色をしている常緑広葉樹が生い茂る森林。日本では、シイ・カシ類がこれに当たる。かつては日本に広く分布し、人びとの生活を深くかかわっていたが、現在は森林総面積の1.2％に過ぎない。

有機農法（農業）：化学的に合成された肥料や農薬に頼らず、自然界の力で農産物を生産する農法（農業）。この農法によって生産されたものについては、認定を受けなければ、「有機」と表示する

ことができない（例　有機JASマーク）。

◎さらに勉強するための本────────────

宮内泰介編『なぜ環境保全はうまくいかないのか』新泉社、2013年。

内山節・21世紀デザインセンター『内山節のローカリズム言論──新
　　しい共同体をデザインする──』農文協、2012年。

山泰幸・川田牧人・古川彰編『環境民俗学　新しいフィールド学へ』
　　昭和堂、2008年。

ギモンをガクモンに

No.6

環境を守るための政策と農業の関係は?

　環境問題は、人口問題・食料問題と密接に関連しています。例えば、発展途上国での人口増加にともなう食料増産は、農林地の開発による自然環境の破壊を招きます。一方で、農山村の過疎化は、耕地・山林の荒廃による自然環境の悪化をもたらします。このように農業は、その活動が増えることによっても減ることによっても環境に影響を与えます。そのため、農業生産が過大になって環境に悪影響を与えている場合には、過大な農業生産を縮小させるように、逆に農業生産が過小になっているために環境に悪影響を与えている場合には、農業生産を拡大することが社会的に望ましいといえます。そのための政策が、一般に「農業環境政策」と呼ばれているものです。農業環境政策にはさまざまな手段があり、各国がその実情に応じた政策をとっていますが、適切な手段の選択と組み合わせが、農業環境政策の実施において重要といえます。

第6章

環境を守るための制度や政策

キーワード

外部性の内部化／規制的手段／経済的手段／
クロス・コンプライアンス／PPP（汚染者負担の原則）

1 はじめに

　農業生産や食料消費との関連に焦点を絞りながら環境の問題を考え、その環境を守るためにとられる多様な制度や政策の姿とその特徴、さらに抱えている課題を明らかにすることを本章では目指しているが、その前に、環境あるいは環境保全をめぐる問題を考える際、最低限おさえておかねばならない基本的考え方を明らかにしておくことが必要であろう。

　まず、「持続可能な発展」という言葉に示されるように、環境

問題は極めて人間臭い社会経済的性格をもつ問題であり、環境保全そのものが最終の目的ではないという点に注目する必要がある。環境保全の問題においては、自然資源や環境という恵みを、将来世代を含めたどのような人々がどのような形で享受することができるのかということが重要である。そして、一部の人々が短期的な利益のために独占し浪費してしまわないようにすることが基本的前提となり、人間にとって望ましい自然を保存し、現在世代間及び将来世代との間で自然環境の価値をいかに効率的かつ公平に配分するのかということが、環境問題の本質であるといってよい。

これは、視点を変えて表現すれば、環境問題は、人口問題・食料問題と極めて密接に結びついた相互依存のトライアングルを形成していることを意味している。それは、途上国における人口爆発と貧困、食料問題への対応としての農林地の開発、そして起こる環境破壊というパスが念頭にあることは確かである。しかしそれだけではなく、都市での人口過密やその表裏の関係にある農山村の過疎化による耕地・山林の荒廃が環境保全機能の低下をもたらす問題等、ミクロあるいはマクロの別を問わず複数のパスで絡みあった問題である。この環境・人口・食料というキーワードは、今後の環境、特に地球環境の問題を考える際には避けて通れないものとなると考えられる。

さて、農業の生産や食料の消費という私たちの活動は、意図するしないにかかわらず、環境という資源に影響を与える。プラスの便益を与えている場合には、そのことによる報酬の受け取りを、マイナスの影響を与えている場合には、損失補てんの

● 第6章 環境を守るための制度や政策

支払いをするのが多くの場合である。しかしそのようなやり取りがなく、市場の取引のうちで処理しきれず漏れてしまっているような場合には問題が起こってくる。こうしたことを「外部性」と呼んでいるが、こうした外部性に対処するための政策や制度について考えることが本章の目的である。

2 ｜ 外部性とその内部化

◆ 環境政策とその政策手段

　私たち人間のさまざまな活動と環境との関係を考えるとき、経済学の世界では「外部性」という概念を用いて考えるということは、別書（「食と農の教室」①『知っておきたい食・農・環境』第5章）で詳しく述べた。この市場取引の外に漏れてしまったものを、そのことにより最適な状態とは異なってずれが生じて、過大生産や過小生産となってしまった分をより望ましい状態に持っていこうという外部性の内部化が、環境問題に関わる政策であるといえる。正の外部性がある場合は、過小な活動になっているため、より活動を大きくする方向に、負の外部性があるのであれば過大な活動になっているため、より活動を小さくするように持っていこうというものである。

　一般的に、この外部性を内部化するという目的に対してとられる政策の手段は年々多様化してきているが、①直接規制、②経済的手段（課税、補助金、排出権取引、デポジット制度など）、それに③自主的な取り組みを促す手段を加えて三つに大別されるこ

134

とが多い。

　適切ではない環境利用の状態を改善しなければならないという問題に直面した場合、通常まず提案される方法は、政府が環境汚染発生者の行動を直接制限するという、命令・統制的な手段、つまり直接規制であろう。これは、一般に理解されやすいということからまず採用される傾向にある。しかし、環境に望ましくないとされる効果の多くは、本来実は有益な効果を生んでいる他の行為に付随して起こる副作用であることが大半である。したがって、環境悪化をもたらす行動の全面禁止は、その本来目的としていて生まれるはずだった有益な効果を禁止したり制限したりすることになるという問題を必ず併せ持っている。具体的手法としては、総量規制と排出基準規制があげられる。

　次にあげられる経済的手段とは、政府が金銭的な手段という経済的なインセンティブを用いて、間接的に汚染者の行動を誘導しようというものを指している。環境問題は、もともと環境資源というものには市場がなく、市場価格が欠如しているため起こっていると経済学では考えている。そのため、あたかも価格がゼロであるかのように人々が行動するため、環境資源が過剰に利用され、環境破壊が進んでしまう。そうした環境資源を適切に利用するように、もし市場があれば、また価格がつけば行動するような適正な利用水準に、人々の行動を誘導させるような考え方に基づいたものである。具体的には、環境税や課徴金、環境補助金、排出権取引などが代表的なものである。

　最後の自主的な取り組みを促す手段は、大きく二つのものからなっている。一つは、政府等と産業界や企業とが特定の目的

● 第6章　環境を守るための制度や政策

について交渉・合意形成をおこない、目標とタイムテーブルを設定して目的達成を促す自主協定を指している。もう一つは、環境汚染の大きな排出者とそうでない者、あるいは環境負荷の高い商品とそうではない商品とを消費者に見分けられるようにする情報公開とそのための情報基盤の整備を指している。

　また、この3分類以外にもいろいろな形で分類整理されてきた。

　例えば、2000年に閣議決定された第2次環境基本計画では、直接規制的手法、枠組み規制的手法、経済的手法、自主的取組手法、情報的手法、そして手続的手法という六つに分類されている。ここでの直接規制的手法とは、最低限守らねばならない基準を設定して、罰則などを設定しながら順守することを義務づけるものを指し、枠組み規制的手法は、目標や一定の手順を義務づけるものを指し、禁止事項などは特段定めていないものである。また、自主的取組手法は、環境マネジメントシステムなどの各種の認証取得を、情報的手法としては、エコマークやエコラベル、環境報告書、環境教育などが、さらに手続的手法としては、環境アセスメント制度などがあげられる。

　また、森晶寿は植田和弘の分類をベースに、七つの異なった手段に大きく分類している（表1）。つまり、縦糸に直接的手段と間接手段という二つをとり、横糸に公共機関自身による活動手段、原因者を誘導・制御する手段、契約や自発性による手段という三つを取り、クロスすることで六つの分類を考え、さらに加えて基盤的手段という一つをくわえた七つの手段にわけて議論している。

136

表1 環境政策の手段

	公共機関自身による活動手段	原因者を誘導・制御する手段	契約や自発性に基づく手段
直接的手段	環境インフラの整備 環境保全型公共投資公有化	土地利用規制 直接規制	公害防止協定 自発的環境協定
間接的手段	研究開発 グリーン調達	課徴金 補助金 減免税 排出枠取引 財政投融資	エコラベル グリーン購入 環境管理システム 環境報告書 環境監査・会計
基盤的手段	コミュニティの知る権利 環境情報公開 環境モニタリング・サーベイランス 環境責任ルール 環境アセスメント 環境教育		

出所）森晶寿・孫穎・竹歳一紀・在間敬子『環境政策論 − 政策手段と環境マネジメント』ミネルヴァ書房、2014年、3頁

◆ 農業分野における政策手段とその特徴

目を転じて農業分野における環境政策は、やはりこれも農業分野における環境に関わる外部性を内部化しようとする政策の総称という位置づけは変わらない。

また、この農業環境政策の分野では、Vojlech（法政大学比較経済研究所・西澤栄一郎編『農業環境政策の経済分析』日本評論社、2014、5～6頁）のように、政策手段を以下の四つのもの、つまり①規制的手法（規制、クロス・コンプライアンス）、②経済的手法（環境支払い、環境税、許可証取引）、③助言・制度的手法（研究開発、技術支援・普及、ラベリング・基準・認証）、④コミュニティ支援というものに分けて考えるのが代表的であろうか。

また、1991年に出されたOECDのバックグラウンド・ペーパ

●第6章　環境を守るための制度や政策

ーでの分類はもう少し詳細なものである。このペーパーでは、農業環境政策の政策手段を、以下の五つの手段に整理しその特徴を整理している。まず、①クロス・コンプライアンス的手段、つづいて②汚染抑制のためのインセンティブ、さらに③直接的収入支援、そして④セット・アサイド政策、最後に⑤投入物と産出物の割り当て、この五つである。

①は農地や水資源の利用に関して、生産者が財政的支援を受ける場合、土壌や水、自然などの保全条項を遵守することを条件・要件とするものである。②は肥料や農薬に対して、作られたものに対する課徴金や過剰糞尿に対する排出課徴金などを指している。③は環境保全的な農業を営む経営に対して、直接的な所得補償をおこなうものを指している。④は本来過剰対策としてなされるものであるが、休耕地の適切な管理や保全などの基準によっては、環境保全の効果が大きく期待されるものを意味している。⑤は売買可能な排出権を用いるもので、有害物の環境許容量を決定しておくことで環境負荷そのものを軽減できると考えられるものである。

農業分野での場合も、基本は直接規制や課徴金・補助金といった金銭的インセンティブを伴うものなど、先に述べた一般的な環境政策の手段と共通するものが多い。そうした中、「クロス・コンプライアンス」という耳慣れない言葉が、農業政策の方にはあることに気づく。これは特に農業分野での手段として特徴的なものといえる。

また、PPP（汚染者負担原則：polluter pays principle）をそのまま適用して、環境税や課徴金といった手段を直接用いたものは極

めて少ないという特徴も持っている。

　ここで、クロス・コンプライアンスと呼ばれているものは、一般には、ある目的を目指した施策に関する支払いが、別の施策によって設定された要件の達成を必須の条件として求める手法を指しているが、ちょうど1985年ごろから時を同じくして、アメリカでもEUでも政策手段として本格的に導入されはじめたという歴史を持っているものである。

　また、PPPの方は、OECDが1972年に採択した「環境政策の国際経済的側面に関する指導原則」で勧告されたものがベースとなり、環境汚染を引き起こす汚染物質の排出源である汚染者に発生した損害の費用をすべて支払わせることを意味している。この原則に従い課徴金や税金を課す政策は一般の環境政策には多く見られるが、農業分野の場合極めて少なく、汚染除去の費用を汚染者に補償するという政策手段を用いていることが多いのが特徴的である。

　この両者については、第5節と第6節とで少し詳しく考えてみることにする。

3 　わが国における取り組みの特徴と課題

◆ 取り組みの歴史的展開

　わが国においては、農業は環境に負荷を与えにくい活動、環境にフレンドリーな産業と長きにわたって見られてきたように思われる。欧米では、アメリカでは土壌、EUでは水を媒介に、

● 第6章　環境を守るための制度や政策

農業は環境に負荷を与えるものであるという社会認識が長年にわたって形成されてきたこととは対照的である。

　農業と環境との対立という観念は希薄で、農業は本来環境に優しいもの、良いものという意識が長く続いてきたという歴史を持っていたのがわが国である。

　こうしたわが国においても、まず環境保全型農業という言葉が使われはじめ、この言葉が政府の公的文書である農業白書に初めて出てきたのは、1991年であったといわれている。そののち各種文書に頻繁に使われるようになるが、この1990年代はじめが1つの転換点であったのかもしれない。しかし、この段階は、環境保全型農法の開発と普及、そして農業者への啓発をおこなおうという性格が強かったように思われる。

　その意味で、次のステップとしての環境保全を直接の目的とする施策は、「食料・農業・農村基本法」（1999年）と環境三法（持続農業法、家畜排せつ物法、改正肥料取締法）の成立をもって始まったといってよい。

　これに続くのが、1992年の「新しい食料・農業・農村政策の方向」であり、2000年の「食料・農業・農村基本計画」へと、次第に農業政策の中に環境政策の側面が展開していった。

◆ 政策の違いに基づくと

　わが国の農業環境政策の場合も二つの側面からの政策が展開されてきた。

　まず、農業が環境に正の外部性を与えている側面、いわゆる多面的機能といわれる望ましい副産物を農業に与えていること

に対しては、農家への直接支払を実施する中山間地域等直接支払制度が2000年に導入されている。これは、EUの条件不利地域政策を参考にして設計されたものとみることができる。

　この制度は、農業生産の継続への支援は、農業の持つ環境に対する外部経済効果を将来にわたり保持することにつながるという考えのもと設計されたものと位置づけられる。ただ、EUなどでの個別農場が対象となっているのとは異なり、この直接支払は集落単位に支払われるという対象の違いがわが国独特のものと思われる。

　他方、農業が環境に対して不経済効果を与えているという側面については、大きく三つの枠組みで政策対応がとられているようである。第1は、生産者が環境保全のために最低限とらねばならないものを規範・ルールとして定められるようになったことである。そして、生産者がこの規範に基づいて行動しない場合、農政に関係する多様な支援策を受けられないようにしているというのが第2の対応である。つまり、経営安定対策での助成を受けるためには、この規範が要件化され、この規範を満たさない場合は助成を受けられないという、クロス・コンプライアンス型の手法がとられている点である。これによって、環境に大きな負荷を与えながら農業をおこなっている生産者に対して、望ましい方向に誘導していこうというものである。最後に第3の対応は、環境に対して負荷の小さな農業というタイプを定め、これを環境保全型農業と名づけ、こうした農業をおこなおうという生産者に対して直接支払という形でサポートをおこなうものである。

　これにあたるのが、2007年から実施されだした「農地・水・

● 第6章　環境を守るための制度や政策

環境保全向上対策」であり、当初は化学肥料・化学合成農薬等の使用を大幅に低減するなど環境保全に向けて先進的な営農活動に取り組む生産者に対して財政支援をおこなうための前提として、地域の共有資源の維持保全活動がおかれるというクロス・コンプライアンスの構造をしていた。「共同活動支援」を条件に、「営農活動支援」という環境支払がなされるというものであった。

　共同活動支援を一階部分、営農活動支援を二階部分と呼び、一階部分が要件化されていたわけである。この環境支払いは、共同活動への取り組みが前提となり、地域でまとまって取り組む必要があるという制約がかけられていたが、2011年になってこの共同活動支援と営農活動支援とは別個の対策に分かれるようになった。「農地・水保全管理支払交付金」という共同活動支援と「環境保全型農業直接支援支払交付金」という営農活動支援である。本節で対象としたのは、後者の「環境保全型農業直接支援支払交付金」である。販売農家であれば、農業環境規範に基づいて経営の点検をおこない、さらに基本的にエコファーマーの認定を受けていれば財政的支援の対象となるようになった。

4 ｜ アメリカやEUでの取り組みの特徴と課題

◆ アメリカとEUの取り組みの違いとは？

　つづいて本節では、アメリカとEUの農業環境政策の大枠を見ていくことにするが、まず両者の違いというものを少し整理しておこう。

1990年代後半あたりまでのアメリカとEUとでは、農業環境政策は際立つ特徴と相違点をもち、対称性を示していたようにみられる。その後、アメリカの政策はある意味EUと共通の方向性を持つものが増えてきたように思われる。

　アメリカの農業環境政策は、本来、農業の外延的拡大によりもたらされる外部不経済に対処することを主眼とするものが中心であったのに対し、EUではどちらかといえば農業の集約化によってもたらされる外部不経済に対処することに中心があったとみることができる。

　また、アメリカでは農業生産が与える環境への影響そのものへのコントロールが政策対象となっていたのに対して、EUでは環境的に望ましいと考えられる農業投入水準や農業生産方式の採用を目指すことが政策対象とされていたということも大きな相違点であった。

　さらに、アメリカでは農業生産の維持・拡大と環境保全とは対立的な関係にあるという前提から、外部不経済に対処するものに限定されていたが、EUでは、そうしたものとともに農業生産が適切におこなわれている限り、農業生産は環境保全と両立しうる点があることをもとに外部経済に対する支払いも考慮されてきたという違いがみられる。

　はじめに両者の違いについて簡単な整理をおこなったが、以下では、アメリカとEUについて、それぞれの農業環境政策の概略を変化とともに見ながら、その特徴をもう一度明らかにしていくことにする。

143

● 第6章　環境を守るための制度や政策

◆ EUの取り組みのフレームワーク

まず、EUの方から見ていくことにしたい。

EUの農業環境政策は、1985年に実質スタートしたと言える。これは、1980年ごろを境に、農業と環境とのかかわりに関する社会の認識が大きく変化してきたことに関係している。それまで、環境にフレンドリーな産業として見られてきた農業に対して、疑問符が打たれはじめ、環境に対する農業の負荷が問われるようになったのである。中でも重要なポイントは、それまでの高価格支持をベースとした共通農業政策によって生まれた農地の無理な外延的拡大や農業の過度な集約化がもたらした副産物として、環境負荷の拡大があるということである。したがって、このことに対してEU農政は対応することに迫られたと考えられるのである。

EUの農業環境政策は、当時の三つの背景から生まれてきたともいわれている。一つは環境汚染を生んできた農業の現状とこれに対する規制の必要性、二つ目は共通農業政策が生んできた農産物過剰とこのための過剰対策の必要性、そして第3は条件不利地域の問題とこれに対する対策の必要性であった。

こうした状況から農業環境政策が導入されたわけであるが、それを端的に示すのが、1985年の理事会規則の制定であり、それが1987年と1992年に順次制定される形で体系化されてきたといわれている。

はじめにEU共通農業政策の農業環境政策として中核をなしてきたものに、ESA制度（Environmental Sensitive Areas）といわ

144

れるものがあるが、地域を限定する形で始まっている。制度の
エッセンスは、特定の地域で、環境要件と直接所得補償をクロ
スさせる手法で、環境と景観の保全のために外部不経済と外部
経済とを内部化させようというものであった。

　望ましい姿を考え、こうした方向に持っていこうという農法
についてはサポートしていく、というスタンスをとる点に特徴
があったと考えられる。

　さらに、1992年にEUでは農業環境政策の体系化がおこなわれ、
特定の地域を指定する形でおこなわれていたESAだけでなく、よ
り広く環境支払いをおこなうことが可能となった。また、この年
から、直接支払いが価格支持に代わる形で導入されてきたけれ
ど、その際に環境保全のための基準を満たすことが要件化される
ようになった。いわゆるクロス・コンプライアンス的手法が本格
的に導入されるようになった転換点といってよいだろう。

◆ アメリカの取り組みのフレームワーク

　他方、アメリカ農業における環境問題に対する関心は、1980
年代半ば過ぎぐらいまでの初期段階では、きわめて土壌問題に
集中してきたといわれている。生産力維持という農業内部の観
点からの土壌問題が中心であったとみることができる。ところ
が、1985年農業法以降は、次第に社会とのかかわりとしての環
境問題に変化・拡大していったようである。水質汚染や水系で
の土砂の蓄積、さらに野生生物生息地の保全といった問題にま
で拡大を始めたとみられる。

　アメリカの農業環境政策は、大きく二つに分けて考えると理

145

● 第6章 環境を守るための制度や政策

解がしやすくなる。まずはじめは①環境にマイナスの影響を与えるような土地での農業を長期にわたって停止する休耕型政策、つづいて②環境にやさしい農業の導入を促進する営農型政策である。

まず、①については、アメリカでは伝統的に土壌侵食が深刻な問題であったことが背景にある。いわゆるスタインベックの『怒りの葡萄』のベースとなった世界である。アメリカの多くの農地は、表土が露出しているために、土壌浸食が起きやすく、これをいかに防ぐかがきわめて重要な問題であった。このためにできたのが、Conservation Reserve Program（CRP）という制度で、危険性の高い農地を対象に、農産物の作付や家畜の放牧を長期にわたり停止し、草木の造成等で土壌侵食などを防ごうというもので、対象耕地の所有者はそのかわりに助成金を受け取るというものである。

これに対して、②は環境にやさしい農業を奨励することで営農を続けるかたちでとられるものを指している。具体的には、Environmental Quality Incentive Program（EQIP）や、Conservation Stewardship Program（CSP）と呼ばれる制度がこれにあたる。ここで、EQIPはこれまでに環境保全活動を実施していなかった生産者を対象に、新たな取り組みを促すものであり、他方CSPはこれまでに土壌・水質保全活動をおこなってきた生産者を対象にさらに高度な保全活動に取り組む場合、これを対象に支援をおこなうものであるとの違いがある。

予算面からみて、後者である②の営農型政策のものが増加し続けているのが近年の特徴である。また、最近は次第に手法的

146

にもEU的な取り組みが導入される傾向にもある。

　ただ、補助金といった財政支援をする際に、一律に配布するのではなく、オークションという手法を交えて、財政支出を抑える工夫をおこなっている点は大きな特徴といってよい。保全活動によって得られる便益を点数化し、助成してもらいたい希望額を生産者が申告して、これらをもとに応募した案件の順位づけをおこなう。そして、これをもとに順位の高いものから予算額の範囲で採択をおこなうといういかにもアメリカらしい方法をとってきた。

5 ｜ クロス・コンプライアンスという手法を考える

◆ クロス・コンプライアンスとは？

　以下では、とくに農業分野での環境政策で特徴的な政策手段と位置づけられるクロス・コンプライアンスと、逆にあまり適用されないPPP原則とについて頁を割いて考えていくことにしたい。

　一般的に言えば、「クロス・コンプライアンス(cross compliance)」とは、ある施策による支払いについて、別の施策によって設けられた要件の達成を求める手法のことを指しており、農業政策でつかわれる場合には、「農業生産者が直接支払いを受給するために一定の要件を満たさなければならないという仕組み」のことを指していることが多い。

　先にも述べたように、1995年以降、EUでもアメリカでも、主

● 第6章　環境を守るための制度や政策

に地域の環境保全を目的として環境規則の遵守に対する直接支払い（環境支払い）がおこなわれるようになり、日本では農水省の「環境保全型農業直接支援対策」が代表的なものとされてきた。

　もともと、コンプライアンス（compliance）の語源は、動詞のコンプライ（comply）にあり、これは「応じる、従う、守る」を意味し、したがってコンプライアンスも「応じること、従うこと、守ること」を意味する言葉である。ということは、クロス・コンプライアンスの場合、関係する他の分野にもまたがって従うということを意味しているとみることができる。

◆ 政策手段と目標との関係

　ところで、元来、経済政策の原理について論じられる場合、ある政策目標に対しては一つの政策手段を用い、別の目標に対しては別の手段を用いることが望ましいといわれてきた。

　経済政策の世界においては、政策目標と政策手段に関して、いくつかの定理といわれている原則めいたものが残されている。その一つが、N個の独立した政策目標を同時に達成するためにはN個の独立な政策手段が必要である、というティンバーゲンの定理である。所与の数の独立な目標を達成するには、少なくとも同数の手段がなければならないということをも意味している。また、ある政策目標があった場合には、必ず予期しない効果という意味の副作用を伴うものであるが、こうした副作用への懸念はいったん切り離して、その目標を達成するためにもっとも安上がりな手段をもちいるべきであるというものをマンデルの定理と呼んでいる。副作用への懸念をいったん切り離して、

148

最もコストのかからない手段を用いていけば、全体として政策目標を達成するために必要な総費用を最小化できるという脈絡でしばしば用いられる。

　こうした考え方から見れば、クロス・コンプライアンスという手法は、どう評価できるのであろうか。

◆ ターゲット効率性

　また、別の視点からも少し気になる点がある。

　所得再分配政策の評価基準に、ターゲット効率性というものがある。これは、その手段によって所期の再分配という目標をどの程度達成しているのかを評価する基準となる指標であり、以下の二つのものからなっている。一つは、垂直的効率性、もう一つは水平的効率性と呼ばれるものである。前者は、ある政策が必要なグループだけをサポートしたか否かを示す指標であり、対象とすべき者たちだけにほんとうに配分できたのか、配分すべきでない人たちに配分したのはどの程度なのかということを見ることができる。他方後者は、ある政策が目標とするグループのすべてをサポートしたか否かを示す指標で、対象とすべきものに漏れなく配分できたのか、漏れた人たちはどの程度なのかを見ることができる。

　本来所得再分配のための評価基準なので、そのまま適応が可能なのかという問題はやや残るが、この考え方を用いてクロス・コンプライアンスを用いた直接支払いという手段を評価することは意味あるように思う。

● 第6章　環境を守るための制度や政策

◆ 農地・水・環境保全向上対策を例に考える

　先にも紹介した2007年導入の「農地・水・環境保全向上対策」
は、わが国でのクロス・コンプライアンス手段適用の代表的な
ものの一つである。この政策を事例として取り上げ、この場合
の政策手段を評価してみることにしたい。

　この事業は、環境への負荷の小さな農業をおこなっている生
産者に対する財政支援という「営農活動支援」のための前提要
件として、地域の共有資源の維持保全活動を支える「共同活動
支援」を置く、つまり「共同活動支援」をすることを条件に、
「営農活動支援」という環境支払がなされるというクロス・コン
プライアンスの構造をしていた。

　しかし考えてみるに、環境負荷の小さな農業の支援という環
境保全を目的としたものと、地域共有資源の維持保全という目
的とはかなり目的を異にしたものと考えられる。性格の異なっ
た目的を抱き合わせにし、組み合わせようとしたものと考えら
れ、のちに問題視されることになる。

　また、ターゲット効率性の目で見ても、同様であった。共同
活動という前提条件を満たしていないけれども、本来環境保全
という目で見れば支援の対象とすべき先進的な取り組みをおこ
なっている生産者が除かれてしまうわけで、水平的効率性の観
点から望ましくない政策手段ということができる。本来サポー
トされてしかるべき対象が、前提とした要件のために抜け落ち
てしまう可能性が大きかったのである。

　さらに、この場合には前提・要件の部分の意思決定は地域、

150

それに対して環境保全の意思決定は個々の生産主体という違いもあり、より問題は大きなものであったと考えられる。

こうしたことからか、この政策は2011年に別個の政策に分かれることになる。もともとの要件は農地・水保全管理支払交付金に、そして本体の方は環境保全型農業直接支援対策の直接支払交付金に分けられ、別々の政策として進められることになった。

クロス・コンプライアンスという方法を取る必要がないのに、複数の政策を抱き合わせを考えることで回り道をしたものと考えられる。

一概に評価はできないが、一般論として言えば、政策間で要件をリンクさせるという手段は、慎重であるべきではないかと考えられる。リンクしてもよいような要件と、リンクすることはちょっと問題となる要件があるように考えられる。農業分野の場合、生産者としては当然な最低限の義務というようなものを一方の基準とした場合にはそれほど問題とはならないだろうが、そうではなく生産者の選択すべきものが交差の要件とされている場合には、問題が出てくる可能性が大きいと考えられる。安易に何でもクロス・コンプライアンスを用いてというのは問題がありすぎると考えられる。

6　なぜ、農業分野では PPP 原則が適用されにくいのか

◆ PPP 原則とは？

つづいて本節では、PPP 原則に関わる問題について考えてみ

● 第6章　環境を守るための制度や政策

よう。

　第2節で触れたように、PPPは、OECDが1972年に採択した「環境政策の国際経済的側面に関する指導原則」で勧告されたものがベースとなっている。環境汚染を引き起こす汚染物質の排出源である汚染者に対して、発生した損害の費用をすべて支払わせることを原則とすることを意味している。

　環境資源を利用しながら、その費用に対する支払いがなされないことに環境悪化の主な原因があるため、こうした外部費用を内部化する、つまり製品やサービスなどの価格に反映させることによって、汚染者が汚染による損害を削減しようとするインセンティブを作り出すことが必要であるというのが、基本的な考え方の出発点にある。PPPにおいて費用を支払うのは「汚染者」であるが、費用の負担は生産者のみではなく、その一部は消費者にも回されることになるというのがポイントである。費用が内部化されることによって、大きな環境汚染を伴いながら生産された製品には高い価格がつき、消費者の選択を通して、社会全体としては環境にやさしい製品を求めるように方向づけようとするものである。

　こうした汚染者負担の原則（PPP）に基づき、一般の環境政策の政策手段では、課徴金という形で課税して外部費用を内部化して、適正な方向に誘導することが通常の方法として根付いてきている。

◆ 農業分野での対応とその要因

　しかしながら、農業分野における環境政策の場合には、この

PPPを適用せず、汚染除去の費用を逆に汚染者に補償するような構造を持っている場合が多いことが特徴としてあげられる。本質的に、汚染除去の費用を汚染者に補償するという政策手段を用いていることが多いのである。農業以外の分野での環境政策では、PPPに沿った形で、政策は実施されているのに、なぜ農業では、多くの場合、汚染者負担の原則が適用されずに、むしろ汚染者に補助をおこなう政策がとられてきたのであろうか。このことを少し考えていくことにしよう。

　まず第1にあげられるのが、農業の環境汚染が、「非点源汚染」の特質を持つために、汚染源の特定と評価が困難であり、そのため費用を公平に配分してかけることが難しいことにあるといわれている。ここで、「非点源汚染」とは、汚染のもとが面的であることを示す用語で、「面源汚染」とも呼ばれているものである。工場などのようにある特定の点から出る汚染に対して、農業が主たる汚染原因の場合は、点ではなくある広がりをもった面から汚染が出てくるという特質を指した言葉である。

　こういったものは、点源汚染の場合とは異なり、排出源を特定することが極めて困難で、汚染物質を排出時にとらえて処理することを難しくしている。工場から出る廃液の場合ならば、特定しやすいのと対照的である。

　続いて第2の点として考えられるのは、農業をめぐる市場構造の特質に起因するものがある。

　汚染者負担の原則に基づき、税が賦課される場合を考えてみると、汚染者が負担したコストの帰着に独特の傾向がみられる。最終的に誰が負担するのか、また、どのような割合でお互いに

● 第6章　環境を守るための制度や政策

負担を分け合っているのかという問題に関することである。農産物価格を通して前方、つまり消費者などに転嫁可能なのか、あるいは生産要素市場を通して後方に転嫁可能なのかは、生産物市場と生産要素市場に関する市場の構造に依存して決まるといわれている。

　農業に関わる市場では、多くの場合、生産者は完全競争市場に直面するプライステイカーとして行動しているとみることができ、コストを転嫁できる余地は極めて小さいと考えられる。コストの転嫁の余地が小さい場合、分配上の観点から、補助金による誘導に政策が向きがちとなるのではないかと考えられる。分配上の観点から、コストを転嫁できる余地が極めて小さい場合には、本来の税ではなく補助金による政策誘導がとられがちとなることを指している。

　さらに第3の要因としては、環境を利用することに関する財産権の分布構造の特質もあげられる。

　過度に環境資源を利用することを抑え、その環境資源の利用を低く抑えることに対して補償措置を講ずることは、環境資源の利用に関する財産権、とりわけ土地資源といったものが農業者に帰属している場合には、社会に受け入れられやすいということが考えられる。多くの国で補助金中心の政策手段がとられがちなのは、環境使用権が農業者の側に主としてあるとの判断に基づいていることによるといえる。

　以上のようないくつかの要因から、農業分野では、PPPを適用して課徴金をかける形で外部不経済効果を内部化するような政策プログラムはきわめて少ないものであった。

154

しかしながら、PPPが適用された政策プログラムが全くなかったわけではない。例えば、オランダ政府がとった家畜糞尿に代表される有機質肥料の農地への過剰還元が主要因とされる地下水汚染問題への対策などには、Manure Bookkeepingやその発展形のMineral Accountingといったものを用いて発生源を特定し課徴金をかける形の政策がおこなわれている。

農業分野の特質ゆえにPPPが適用しづらいのは確かではあるものの、今後は、これを克服しながらPPPを適用することも求められ、いかに政策手段を工夫し、設計していくのかが問われていくように思われる。

7 認証制度とラベリング

さて、最後に認証制度とラベリングについて少し考えることにしたい。

これは第2節の分類によれば、自主的な取り組みを促す手段の中の一つ、つまり環境汚染の大きな排出者とそうでない者、あるいは環境負荷の高い商品とそうではない商品とを消費者に見分けられるようにする情報公開とそのための情報基盤の整備に対応するものと位置づけられる。

その典型的なものとしては、エコファーマー制度と有機JAS認定制度とが頭に浮かんでくる。前者が人に対する認定であり、後者が商品に対する認定という違いが先のものと対応するように思う。

エコファーマーとは、1999年に施行された持続農業法に基づ

● 第6章　環境を守るための制度や政策

いて、「持続性の高い農業生産方式の導入に関する計画」を都道府県知事に提出して認定を受けた農業者のことを指し、環境に優しい方法で農産物を作っている生産者として認証されたことを意味する。堆肥等による土づくりと化学肥料・農薬の低減を一体的におこなう生産方式という持続性の高い農業生産方式を計画し、その計画が適当である旨の認定を受けた法人を含む農業者をエコファーマーと呼んでいる。

　エコファーマーの認定を受けると、農業改良資金の償還期限の延長や取得した農業機械の特別償却などの支援措置が受けられるというメリットがあるとともに、先にも触れたように環境保全型農業直接支援支払交付金という財政的支援を受けるための要件の一つにもなっている。

　もう一方の有機JAS認定制度の方は、有機農産物が市場に出はじめてきたときに、偽物有機農産物が大量に出回り、悪質な不当表示が氾濫したという歴史的背景をもとにできてきたという経緯がある。1992年に「有機農産物等に係る青果物等特別表示ガイドライン」が制定され、有機農産物という言葉が公的に表示可能となった。1996年に改正されたJAS法で、それまでの罰則のないガイドラインから、正式に有機農産物であることを表示するのには、第三者機関としての登録認定機関の認証を受けて初めて名乗ることができようになった。こうして認証を受けることができた認定生産農家（生産行程管理者）や認定製造業者は、生産または製造する有機農産物について、自らが製造、生産または流通する製品について格付をおこない、有機JSAマークというラベルをつけることができるようになったのである。

156

なお、有機農産物と減農薬・減化学肥料栽培等についての区別は、先のガイドラインによりはじめて公的に示されることになり、さらに1996年には、有機農産物以外（無農薬栽培農産物、無化学肥料農産物、減農薬栽培農産物、減化学肥料栽培農産物）を特別栽培農産物として、区別することになる。

エコファーマーであれ有機JASであれ、ともに情報提供型政策手段を用いて、他と区別させようという意図を持つエコラベル制度ということができる。ただ、エコファーマーについては人につくラベリングなので基本的には商品にラベルすることは本来意図していない。都道府県ごとに対応はしているようではあるが消費者の目にはあまり触れることは少ないという弱点を持っているようである。また、有機JASは商品に対するラベリングであるため消費者の目には付きやすいが、認知度はどうかという問題を抱えているようにも思う。

ただ今後を見据えた時に、消費者の関心が食料品の内容や質とともに、生産のプロセスそのものにも移行していく可能性を考えると、その手がかりとしての表示制度とラベリングのあり方はより注目されるようになると考えられる。

8 むすび

本章では、農業や食料の分野で、環境保全のためにとられる政策対応について考えてきた。なかでも、農業政策の中で農業環境政策としての地位を占めるようになってきた政策の内容と特徴に多くの頁を割いてきたつもりである。

● 第6章　環境を守るための制度や政策

　農業政策はもともと生産刺激的な性格を持つものが多く、過度の集約化や過度な耕地拡大などを通じて、環境に対してマイナスの影響を与える性格のものが多かったのかもしれない。しかしそれはそれなりの役割を果たしてきたものであるから頭から否定されるべきものでもない。環境保全という側面も考慮しながら大きな政策目的を達成する道を探すということが必要である。

　はじめにも書いたように環境保全そのものが最終の目的ではなく、あくまでも他の目標とのバランスの中で考える必要があるという点は強調しておく必要があろう。

　政策相互間の関係を調整しながら、お互いの政策が邪魔をしあわないように政策設計はなされる必要がある。ブレーキを踏みながら、アクセルを踏みつづける、といった政策設計がないように注意すべきと強調してむすびとしたい。

◎用語解説──────────────

インセンティブ：経済学の世界では、人や組織に特定の行動を促す動機づけ、誘因のことをインセンティブ（Incentive）と呼び、人々の意思決定や行動を変化させるような要因のことを指している。何がその選択へと導いたのか、すなわち選択の背景にあるインセンティブを明らかにすることが、経済学の世界では、中心的な課題の一つとなっている。

OECD：OECD（経済協力開発機構：Organization for Economic Co-operation and Development）は、ヨーロッパ、北米等の34か国の先進国によって構成される国際経済全般（国際マクロ経済動向、貿易、開発援助、持続可能な開発、ガバナンス等）について分析、検討、協議することを目的とした国際機関である。わが国は1964年に加盟国となっている。

農業白書：農業基本法（1961～1999）に基づき政府が国会に提出が義務づけられた「農業の動向に関する年次報告」という文書を指している。農業の生産性動向など他産業との比較や農業従事者の生活水準等に焦点をあてた「農業の動向」と「政府が農業に関して講じた施策」の2部構成となっていた。農業基本法が食料・農業・農村基本法に代わり、白書も食料・農業・農村白書となっている。

怒りの葡萄：怒りの葡萄（The Grapes of Wrath）は、アメリカの作家ジョン・スタインベックによる小説とこれを原作としたジョン・フォード監督による映画とを指している。世界恐慌と重なる1930年代に、大規模資本主義農業の進展とともに、中西部でのダストボウル（Dust Bowl）と呼ばれる耕地荒廃による砂嵐によって、所有地が耕作不能となり流民化する農民が続出した。こうした社会状況を背景にした物語である。

JAS：JAS（日本農林規格：Japanese Agricultural Standard）は、「農林物資の規格化及び品質表示の適正化に関する法律」通称JAS法に基づき、農林水畜産物およびその加工品に対して品質保証をするための規格を指している。この規格に適合した食品などにはJASマークと呼ばれる規格証票をつけて出荷・販売をすることが認められている。

◎さらに勉強するための本───────

植田和弘『環境経済学』岩波書店、1996年。

植田和弘・岡敏弘・新澤秀則『環境政策の経済学』日本評論社、1997年。

森晶寿・孫穎・竹歳一紀・在間敬子『環境政策論──政策手段と環境マネジメント』ミネルヴァ書房、2014年。

生源寺眞一『現代農業政策の経済分析』東京大学出版会、1998年。

荘林幹太郎・竹田麻里・木下幸雄『世界の農業環境政策──先進諸国の実態と分析枠組みの提案』農林統計協会、2012年。

わたしの読み方

坂梨健太

　本書は、とりわけ日本における食、農、環境に関する問題とそれにたいするアプローチや考え方について議論されている。私の専門が熱帯アフリカの農業であるため、日本農業のことを詳細に述べることはなかなかできるものではない。ここでは、私の調査地域である熱帯林に暮らす農民の視点や熱帯アフリカ諸国（サハラ以南のアフリカ諸国を指し、以下、アフリカと記す）の状況との比較を通して、日本の農業を見つめてみたい。

　「比較」という行為には、ある種の暴力的な見方が潜む。この地域はあの地域に比べると劣っている、だから、あちらを参考にするべきという議論が展開されて、一方的に対象地が影響を受けることになりかねない。しかし、比較を通して、共通した問題を見出し、どのような対処の仕方があるのかを学んだり、異なる点があれば、なぜ、どのようにして違いが生まれたのかを考えたりすることで、わたしたちの常識は揺さぶられる。それは比較の重要な要素である。本文ではその点を重視する。

　とは言え、日本とアフリカの農業は自然、文化、社会、政治体制などが全く異なるので、比較する意味があるのかと、疑問に思われるかもしれない。確かに異なる点は多いが、共通する問題に直面しているのも事実である。たとえば、熱帯林に点在

する集落では、子供が学校に行くために町や都市に下宿して、村内は人口減少、高齢化の状況にある。たとえその人口構成が一時的な現象であったとしても、農業をおこなう上で、どのようにして労働力を確保するのか、また、第1章のテーマでもある、誰が担い手となりうるのかという問いは、日本とアフリカの農村で通じるものがある。

　ここでは、日本とアフリカにおいて捉え方、取り組み方は異なるものの、根底では共通する（または共感できる）問題として、主に環境をめぐる問題についてみていこう。さらに、それと密接に関わる情報共有の問題や定住と移動の問題についてふれてみたい。

　私が調査をしている熱帯林地域では、森林破壊や野生動物保護の問題に直面している。これらの問題が現地でどのような影響を与えているのか、住民はどのような対応をとっているのかといったことを考えるためには、現場での視点が重要になる。日本で全く同じ問題が存在するわけではないが、中山間地域の山林の荒廃や過疎高齢化による農業そのものの衰退にたいする、現地住民の取り組みや思いは、現場に赴いて話を聞くなどのフィールドワークをしないと分からないことが多い。

　第5章では、そのようなフィールドワークを通して、顔の見える人間関係に基づいた住民の実践や自然と人間の関わり合いが示される。自分たちのできる範囲でコツコツと、少しでもよりよい暮らしへ進もうとする人びとの姿勢は、アフリカのみならず世界で共感できる部分であろう。ただ、送電鉄塔の建設の話が出た際に、賛成か反対かという村を二分する状況から、「森

● わたしの読み方

を守る」という共通の目標を掲げ局面を打開した日本の事例は、インフラが整備されていないアフリカの農村部ではそう簡単に導けない解決策である。

　私の調査地域では、電気が通る前に携帯の電波鉄塔が森の中にたてられた。これまで中に入るのも大変であった鬱蒼とした森に鉄塔建設のために、ブルドーザーが入って、小道がつくられた。その小道によって、付近に暮らす人びとは、より肥沃な土地にアクセスすることができるようになり、鉄塔を中心に畑を開きはじめた。また、携帯を持ちはじめた者は、電波鉄塔用に設置された発電機から電気を拝借する。つまり、現時点で、現地の人びとは電波鉄塔を拒否して、森林を守ることにメリットを感じていない状況にあるということだ。熱帯林地域は、土地が豊富にあるが、現地住民による大規模な農業は見られない。しかし、お金が手に入れば、チェーンソーを購入するなどして大規模な畑を持ちたいという夢をみる者は多い。

　農業における技術の導入（第4章では「農業の工業化」と呼ぶ）と環境保全の両立をどのように達成するかということは、世界共通の悩みではないだろうか。アフリカでは未だに農薬や化学肥料が用いられず、自然環境に依存した農業をおこなっている地域が多い。たとえば、木々や草を焼いた灰が肥料のような効果となって、畑の土壌を豊かにする。また、人びとは、森林に自生している植物の実や樹木の皮などを調味料や薬として利用するなど、農業だけでなく、生活のあらゆる部分で森林資源に依存する。ただし、すべての住民が自給的な生活に満足しているわけではない。可能ならば農作物の生産量をあげて、より多く

の現金を確保したいと考える者もいる。このような「農業の工業化」への渇望にたいして、実際にそれを経験し、享受しているわたしたちが、環境を破壊するからやめるべきだと主張してもアフリカの農民には響かないだろう。

　一方、工業化を推進する側もしたたかである。農薬会社は環境への影響を減らした製品をつくるだろうし、種子会社は農薬を必要としない遺伝子組換え作物を宣伝するだろう。「農業の工業化」にどのようなメリットがあり、どのような問題があるのか、丹念に伝える回路が必要であるが、それだけで開発か保全かという綱引き状態を解消することは難しい。

　そこで政策や制度が重要になってくるはずだ。環境を守るための制度や政策は、第6章で詳細に論じられているように、環境を単純に自然のみではなく人間の暮らしをも含み、現世代だけでなく将来世代のためのものであると捉えた上で、設計されることが理想であろう。さらに環境を守る行為に補助金を出したり、一方で汚染者に負担金を支払ってもらったりするなど、どのような人びとのどのような活動が対象になるのか議論することが必要になってくる。

　熱帯アフリカの環境をめぐる政策は、現地住民をある区画に押し込め、いわゆる原生林や野生動物のみを守る保護区の設立が典型的であった。そのような環境政策は国内の中で制定されたというよりも国際機関など外部の影響によって持ち込まれている。極端な話、援助や投資と引き替えに、対象国に環境政策や法律の制定が求められることがある。

　先進国側にとっては自国で悪化した環境にたいして、途上国

● わたしの読み方

の森林を保全し、絶滅危惧種を保護することで、バランスを取ろうとしているのだが、発展を目指す国々にとってそれは押しつけでしかない。温室効果ガスの排出権取引によって現金が途上国側に流れているかもしれないが、少なくとも現地住民はそれを知る機会も享受することもない。近年、一方的な保護区の設立による住民活動の規制にたいして、住民の慣習的な森林資源利用が認められるよう法整備も進みつつあるが、現地に十分な情報が伝わっていないのが現状である。

　情報の不正確さ、伝達不足は、環境をめぐる問題にとどまらない。第3章で示されたように、農産物や食料品の生産、流通、加工という一連の流れであるフードシステムが複雑になっている。わたしたちは、この農産物・食品は大丈夫だ、という安心を得るために、それらに付与される情報にますます依存しなくてはならない。

　アフリカの地域内においては、顔の見える相手との食料の交換や分配といった実践だけでなく、そもそも食料不足が生じうる場合があるので、ある作物が安全かどうかという問い自体があまり意味をなさないかもしれない。しかし、食にかんする情報の欠如は、根拠のないうわさを流してしまう。たとえば、狩猟によって得られた獣肉が、エボラ熱の発症源であるという噂が都市部で広まり、森林地域の人びとの狩猟活動を抑制させる圧力につながろうとしていることが報告されている。

　以上のように、半ば強引にではあるが日本とアフリカに共通する問題をみてきた。最後に、それぞれがもつ独自の特徴についてふれておきたい。

164

日本独自の特徴を示している代表格が農協ではないだろうか。日本農協の一つの特徴である網羅主義（地域での全戸参加）は東北や北海道をおそった戦前の凶作に対処できた一方、戦時中には食料の集荷や戦費をまかなうための強制的な貯金を、ある意味で「効果的」に遂行することもできた。戦後は網羅主義の特徴を残しつつ、地域組合、地縁・血縁に基づいた家族農業のための組織として存在している。第２章で詳しく論じられているが、改めて日本の農村地域の「凝集力」、「結束力」のすごさを見せつけられる。

　アフリカでも基本的に村を基本とした地縁・血縁は強固に働く。地域に労働組織や頼母子講のような組織ももちろん存在する。ただし、不在地主が存在したり、村人が都市へ出稼ぎに行ったり、移民が働きに来たりと、人びとの入れ替わりは激しい。アフリカの農村では、同じ民族だけでなく、他民族を受け入れる寛容さがあり、日本とは異なる活力を見ることができる。定住者の視点のみならず、移動する側の視点から改めて地域の組織を考えることもおもしろいと思う。

　アフリカの熱帯林地域には、都市で暮らしてきた者が経済的にたちゆかなくなった場合、村に戻れば、農業ができ、何とか食べていけるという安心感を抱かせる空間が存在する。だからこそ出稼ぎなどの賭けにうっていける。翻って、日本では、新参者が農業をおこなうのは容易ではない。農業で食べていける、かつ、将来に期待が持てるような魅力あるものにするためには、実際に従事している人びとだけでなく、わたしたちにも（消費者として、また、農に関わろうとする者として）相当の覚悟が求められ

165

● わたしの読み方

る。自戒の念を込めて、主張しておきたい。

■執筆者紹介（執筆順）

香川文庸（かがわ　ぶんよう）（第1章）
龍谷大学農学部食料農業システム学科教授。農業経営学、農業会計学、経済統計学。
🖉 主な業績は『日本経済の分析と統計』北海道大学図書刊行会、2001年（共著）、『農作業料金の経済分析』農林統計協会、2003年（単著）、『農業経営発展の会計学』昭和堂、2012年（共著）など。
☞ 望ましい農業の担い手像とそれを支える制度・政策、農業の担い手が自立するための合理的な経営管理・経営計算方法、農業の担い手の社会的責任と情報開示のあり方、等について研究しています。

石田正昭（いしだ　まさあき）（第2章）
龍谷大学農学部食料農業システム学科教授。家族農業論、地域農業論、農協論。
🖉 主な業績は『参加型民主主義　わが村は美しく』全国共同出版、2011年（単著）、『農協は地域に何ができるか』農山漁村文化協会、2012年（単著）、『ＪＡの歴史と私たちの役割』家の光協会、2014年（単著）など。
☞ 農業農村の現場から諸問題を発見し、解明する研究を進めています。具体的には家族農業、地域農業、協同組織の諸問題について、普遍性と歴史性の両方に着目しながら論考を重ねています。

山口道利（やまぐち　みちとし）（第3章）
龍谷大学農学部食料農業システム学科講師。農業経済学、獣医経済疫学、フードシステム論。
🖉 主な業績は『家畜感染症の経済分析』昭和堂、2015年（単著）、『食の安全・信頼とフードシステム』農林統計出版、2016年（共著）など。
☞ フードシステムを構成する各主体の行動を規定する論理や誘因と、それらの帰結が食品安全にもたらす影響について研究しています。

淡路和則（あわじ　かずのり）（第4章）
龍谷大学農学部食料農業システム学科教授。農業経営学、農業組織学。
🖉 主な業績は『先進国　家族経営の発展戦略』農山漁村文化協会、1994年（共著）、『未来へつなぐたからもの―持続可能な社会を考える』風媒社、2012年（共著）、『農業革新と人材育成システム』農林統計出版、2014（共著）など。
☞ 農作業受委託を中心とした農業経営支援システム、食品リサイクルを中心としたバイオマス利用、農業職業教育を中心とした農業人材育成、を調査研究の3本柱にしています。

● 執筆者紹介

中川千草（なかがわ　ちぐさ）（第5章）
龍谷大学農学部食料農業システム学科講師。環境社会学、環境民俗学、資源管理論。
✐主な業績は『環境民俗学』昭和堂、2008年（共著）、「ギニアにおけるエボラ出血熱の流行をめぐる「知」の流通と滞留」『アフリカレポート』No.53、2015年（単著）など。
☞日本や西アフリカ（ギニア・セネガル）でフィールドワークをおこない、現地の文脈や当事者の視点に着目し、人間と環境とのかかわりについて研究しています。

宇山満（うやま　みつる）（第6章）
龍谷大学 農学部 食料農業システム学科准教授。農業政策学、環境経済学、蚕糸業経済学。
✐主な業績は『国際化時代の農業経済学』家の光協会、1992年（共著）、『現代統計学を学ぶ人のために』世界思想社、1995年（共著）など。
☞生産者（農家）や消費者の行動とその意思決定メカニズムの解明、農業政策がもたらす社会的効果と社会的効率性の解明、蚕糸絹産業の実態把握と国際シルク市場の方向性の解明、農業・農村の環境価値評価とその政策評価への適用可能性、などについて研究しています。

竹歳一紀（たけとし　かずき）（第6章）
龍谷大学農学部食料農業システム学科教授。農業経済学、環境政策論、経済発展論。
✐主な業績は『中国の環境政策―制度と実効性―』晃洋書房、2005年（単著）、『環境政策論―政策手段と環境マネジメント―』ミネルヴァ書房、2014年（共著）、『アジア共同体の構築をめぐって―アジアにおける協力と交流の可能性―』芦書房、2015年（共編著）など。
☞経済的条件に劣った地域が環境を保全しつつ持続的に発展にするにはどうすればよいのか、というテーマの下、日本や中国などアジアの農村の持続可能な発展、中国の経済発展と環境問題、について研究しています。

坂梨健太（さかなし　けんた）（わたしの読み方）
龍谷大学農学部食料農業システム学科講師。農業経済学、アフリカ地域研究。
✐主な業績は『森棲みの社会誌』京都大学学術出版会、2010年（共著）、『アフリカ熱帯農業と環境保全』昭和堂、2014年（単著）など。
☞熱帯アフリカにおいて小規模カカオ農民が直面する問題についてフィールドワークを軸とした研究を続けています。併行して、最近では、農業部門を中心に在日外国人の労働状況について調査を始めています。

「食と農の教室」②
食・農・環境の新時代――課題解決の鍵を学ぶ――

2016年4月20日　初版第1刷発行

編　　者　龍谷大学農学部食料農業システム学科

発行者　杉 田 啓 三

〒606-8224　京都市左京区北白川京大農学部前
発行所　株式会社 昭和堂
振替口座　01060-5-9347
TEL（075）706-8818／FAX（075）706-8878

©2016　香川文庸 他　　　　　　　　　　印刷　中村印刷

ISBN978-4-8122-1544-9

＊乱丁・落丁本はお取り替えいたします。
Printed in Japan

本書のコピー、スキャン、デジタル化等の無断複製は著作権法上での例外を除き禁じられています。
本書を代行業者等の第三者に依頼してスキャンやデジタル化することは、たとえ個人や家庭内での
利用でも著作権法違反です。

キーワードで読みとく現代農業と食料・環境

監修『農業と経済』編集委員会　本体価格 2,800 円

基礎知識から現代的トピックまで、125 の必須テーマをコンパクトに解説。絡み合う農業、食料、環境問題を解きほぐし、問題解決をめざすソフトな思考力が求められている。総勢 50 名の第一線研究者が初学者へおくる解説入門書決定版！

やっぱりおもろい！　関西農業

高橋　信正 編著　本体価格 2,000 円

今こそ関西から元気を日本へ！「おもろい」人達が賑わしている関西農業の活気あふれるとりくみを多数紹介。農業への関心がますます高まっている昨今、関西農業は知れば知るほどやっぱりおもろい！

躍動する「農企業」── ガバナンスの潮流

小田　滋晃・長命　洋佑・川崎　訓昭・坂本　清彦 編著　本体価格 2,700 円

百花繚乱の様相を呈する、わが国の農業経営体。家族農業の枠を超えた多様なあり方を、ガバナンスに注目して整理・分析。国内外の最新事例に学び、日本農業の未来を切り拓く担い手像に迫る。

農村コミュニティビジネスとグリーン・ツーリズム
──日本とアジアの村づくりと水田農法

宮崎　猛 編　本体価格 2,800 円

農村コミュニティビジネスは住民が出資・労働・農林水産物供給を行う小規模事業体。経済活動と同時に環境保全・福祉・教育等の地域課題の解決をめざす。本書は、グリーン・ツーリズムをこのより広い概念で捉えて今後の展望を示す。

『農業と経済』（月刊）

『農業と経済』編集委員会 編　通常号本体価格 889 円

2016・4 月号特集──●6 次産業化／農商工連携──発展のための理解
2016・4 月臨時増刊号──農業経営の継承──危機をチャンスに〔本体 1,700 円〕

昭和堂刊

価格は税抜きです。
昭和堂のHPはhttp://www.showado-kyoto.jpです。